U0124159

天下
雜誌
觀 念 領 先

打造韌性

數位轉型與企業傳承的不斷再合理化路徑

To Jessie 老師
打造韌性
黃呈豐

黃俊堯、黃呈豐、楊曙榮——著

推薦序

企業迎戰多變時局的關鍵策略

林佳龍

《孫子兵法》在形篇第四中，一開頭講到：「昔之善戰者，先為不可勝，以侍敵之可勝。不可勝在己，可勝在敵。故善戰者，能為不可勝，不能使敵之必可勝。」

企業在激烈的市場競爭環境與外部環境挑戰中，要追求永續經營，經營策略與組織體質上所展現的韌性，是非常重要的，而這也是呈豐兄與臺灣大學商研所黃俊堯與楊曙榮兩位教授的新作《打造韌性：數位轉型與企業傳承的不斷再合理化路徑》，所要帶給讀者大眾的核心概念。

我們對韌性究竟如何定義？這是包括企業經營者在內的組織領導者，所共同需要思索的問題。我認為，可以從人智學（Anthroposophy）的角度來闡釋韌性。如果把企業想像是一個人的話，企業同樣有物質體、生命體、感知體與自我體等四個生命層次。韌性不代表不變，反而是在這四個生命層次不斷變化的過程中，去適應環境的需要，進而長期生存，自我實現。

其中企業的有型資產，包括設備與人員，如同人的物質身體一般，並不是一成不變的，它會跟隨著市場需求與競爭者策略、外部政經環境的衝擊，甚至是為了降低天然災害對營運的影響，而不斷追求合理化與優化。

我在擔任台中市長時，協助發展智慧製造，國家並把台中定位為「智慧機械之都」，建立示範場域，推廣中部地區隱形冠軍發展出可以彈性調整產線設備，快速敏捷地因應少量多樣的市場需求。此外，結合科技打造海綿城市、分散式能源管理體系與智慧物流體系、優化企業可持續營運的環境，都是政府幫助企業打造物質體韌性的許多努力。

然而政府能做的相當有限。在企業生命體、感知體與自我體的層次，唯有企業經營者與組織內成員一起，才能夠強化這些生命層次的韌性。對於自我體而言，當一家多年經營的企業面臨組織傳承時，組織成員必須要自我理解企業最核心的經營理念何在，對世界的關鍵貢獻在哪裡？並堅定的傳承與守護下去，這是自我體的韌性。

我在撰寫有關許文龍經營哲學的一本書《零與無限大》時，曾經被他的許多觀念所深深啟發。若轉化成企業人智學，我們會明白經營企業最重要是實現自我體的層次，而不是被物質體所綁住。許文龍說，他最大的資產是自由，不會讓人被事物綁住，而追求利潤只是手段，不是目的。因此企業自我體的韌性，不一定透過企業資產負債表上的規模擴大，而是經營者始終了解，企業存在的核心目的是為了解決哪一種社會問題、創造哪一種社會價值。

然而在感知體的層次，企業間競爭與外部環境變化，往往使得企業發展目標、策略及資源投入必須隨之調整，長期發展第二、第三曲線，就像人必須自我精進修養，持續調整與社會的關係一樣。書中所提到的能動韌性，也在於此。然而，這都考驗組織內部文化，策略調適能力，以及能否打造團隊組成的團隊（Team of Teams），槓桿外部資源並彈性調整內部組織，達到競爭上的不敗與能勝。

但企業策略調適與行動的基礎從何而來？在書中談到數位雙生、虛實整合與如何善用數據來做決策，這一切行動背後的根本，源自於組織內不斷的追求創新與卓越，然而若沒有堅定的自我體與審時度勢的感知體，追求創新與卓越往往成為口號或瞎忙，而非正確的行動，無法達到本書所貫穿的概念，也就是企業的被動韌性與主動韌性。因此對於企業而言，三位一體的韌性觀點，清楚為誰而戰、為何而戰，隨時觀照動態全局的戰略觀，到選擇最適當的戰術，才是真韌性，長期不敗與能勝。而我所參與創立的大肚山產創學院，就是本於這個宗旨，集結包括呈豐兄在內，許多有志於共學共創共好的企業主與二代接班人，相互覺察與進取，並且在行動中建構一個可以生生不息的產業創新體系。

本書作者之一的黃呈豐先生，是我的多年好友，他創辦了台中市機械業二代協進會，在我擔任台中市長期間一直至今，不斷地提供我許多寶貴的產業觀察與建議，而臺灣大學商研所黃俊堯教授與楊曙榮教授皆為知名的管理學者，此次與呈豐兄合著的大作，書中充滿了許多國際案例與架構性洞見，與我長期投入人智學的觀察有相似之處，故樂之以為序，並將本書推薦給大家。

（本文作者為前交通部長、台中市市長）

推薦序

邁向永續經營的必讀指南

胡星陽

市面上光是以數位轉型為名的書籍，在博客來上少說就有三十本，這本《打造韌性》有什麼特點值得大家閱讀呢？

從作者（黃俊堯、黃呈豐、楊曙榮）的組合可以看出本書的企圖心，黃俊堯和楊曙榮兩位教授是臺灣大學管理學院的優秀中生代，都是科技部「吳大猷先生紀念獎」得主，有深厚的學術背景；黃呈豐校友則是機械業業者，有豐富的實務經驗。所以這本書巧妙地結合宏觀面的分析架構和微觀面的實務應用，既見樹又見林。

在分析架構上，本書提供的不但完整，而且淺顯易懂。就完整面來說，書中討論了顧客端、生產端，更含括企業傳承，畢竟數位轉型是長期不斷的過程，必須以人為核心持續推動。雖然作者來自學術界，但沒有艱澀術語，而是淺顯生動的語言。例如顧客端和生產端的「虛實雙生架構」、「給電腦看的」

和「給人看的」兩類數據。

實務應用的結合更是貫穿全書，融合了台灣工具機產業的經驗，從第一章以工具機的「不斷再合理化」為例開始，到第三章導入智慧機械、第五章企業傳承。但本書也不局限於單一產業，而是不停地帶入一個又一個的企業經驗，有本土的三陽工業、台積電，也有跨國的零售業沃爾瑪（Walmart）、化妝品業萊雅（L'Oreal）、日本Sony，以及芬蘭諾基亞（Nokia）。

最後特別要提出的，本書強調長期實踐「不斷再合理化」。這有兩層意義：首先，企業無需執著於尋找「最適」的目標，書中以線上線下營業佔比為例來說明這點。其次，不管什麼樣的企業，「不斷再合理化」就是現在就可以開始，也總是有著手之處，本書提供了一個很好的起點。

（本文作者為臺灣大學管理學院院長）

推薦序

兼具理論與實務，爲經營者撥雲除霧

黃怡穎

「韌性」（resilience）是近期備受矚目及討論的一個夯詞，其實跟恆心及毅力有很大的關聯性。

1998年，台中精機遭遇金融風暴，也是我父親人生的最低潮。那年，懵懵懂懂的我出國唸書了。從那時開始，父親開始練氣功跟靜坐，用恆心及毅力堅持下去，因此可以處之泰然地面對逆境，並於二十年後重整成功，還清債務。2008年的金融海嘯及2019年的中美貿易大戰，我已回到台灣，跟在父親身邊學習，他總是很自律並以身作則，用從容不迫又樂觀的態度來經營企業。他常說，有文化的企業才有韌性；要有內憂外患的危機意識，才能化危機為轉機，才能持續不斷的傳承；要經歷過挫折與失敗的人生歷練，才能培養出韌性的DNA，同時要勇於認錯與承擔，才能走出失敗的人生谷底。

這本書正是以企業韌性為基底，從數位轉型（所謂「事」的不斷再合理化）談到企業傳承（所謂「人」的不斷再合理化），而透過系統性的除霧與提醒，消滅雜訊，讓企業擁有韌性及能耐能夠永續經營。

三位作者在撰寫本書的過程當中，實地走訪台灣各地的隱形冠軍中小企業，同時結合他們豐富的理論及實務經驗。讀完本書後，我深有打通任督二脈的暢通快感。書中提及的六大韌性：全覽力、連結力、穿越力、更新力、開創力及警醒力，若一家企業能夠六力貫穿，力力相通，勢必能夠所向無敵。

「堅持作對的事，就得承受被討厭的勇氣」是我的座右銘。《恆毅力》（*Grit*）一書作者安琪拉．達克沃斯（Angela Duckworth）提到：「恆毅力是心理學中一種正向的特質，是追求長期目標的熱情與毅力，為了達成特定目標的強大動機。」它不只是恆心加上毅力的綜合體，背後更隱含著一層面對困難卻不屈不撓的精神。我深信，韌性就是透過堅持到底的恆毅力所打造出來的。

呈豐哥與我們家有兩代交情，我們結識於好幾年前的一場倫敦大學大學學院（UCL）校友會，透過他的帶領進入G2（台中市機械業二代協進會），而我父親也曾於1980年代，銷售台中精機彰化地區的第一台CNC車床給六星機械工業的黃進財董事長，也就是呈豐父親，可見六星機械當時的創新遠見也奠定下他們精湛技術的良好基礎。兩代淵源可以說是神奇的緣分，非常感謝呈豐哥的邀約，讓屬於台中精機打造韌性的故事可以被記錄下來。倍感榮幸。

（本文作者為台中精機董事長特別助理）

打造韌性
目錄

作者序

面向時代的經營課題

黃俊堯

四十年前，剛念國中，初次看到書報攤上有本沒看過的新雜誌，叫做《天下》。沒多久，忘了是什麼機緣，第一次翻看這雜誌。裡頭七八成似乎看得懂，嗅得出文字間文明開朗的氣味，譬如談「日本第一」，道新加坡政府的效率，論財經內閣。另外那兩三成似乎看不懂的，則多與國內外企業經營諸事有關。懂與不懂間，當時斷非這雜誌目標讀者的少年，在閉塞窒悶的升學環境中，透過間歇雜讀看到了一個未曾接觸的、天寬地闊的新世界。

1980年代的《天下》雜誌，常提到MBA。字裡行間，總有金光圍繞著這陌生的英文詞彙，遙遠而令人嚮往。這麼多年後，自己忝立於教室裡，授MBA與其成熟版EMBA的課；慢慢理解這方面教育的實質內涵，知道了它們的價值和限制。略與企業接觸，從旁認知各種經營的挑戰後，愈發意識到商學院生態與業界關切間彼此的隔膜。於是，當台大商研所所友呈豐，提議合作一本面向時代經營課題，為跨世代廣大經營圈朋友而寫的書時，自己覺得這會是個有意思的嘗試。

自始我們設定要發展的，是當代經營者從日理萬機的雜務中，退幾步思考大局之際，能幫著理出些關鍵頭緒的內容。企業經營終究得講功利，但如果不貪急功近利之快，而思長功久利之實，那麼經營者的心志與視野，至少與其執行能力同等重要。在這個意義上，雖然環境不斷改變，但是經營中「不敗」與「能勝」的本質，以及面對各種流行風潮時「虛」與「實」的拿捏，都不難從往事中借鑑。所以，在這本書裡，除了從跨業跨域的「橫剖面」檢視當代經營課題外，我們也另外從跨時的「縱剖面」，和讀者一起探索經營的變與不變。

四十年前台灣經濟正起飛；現存許多企業，都在那前後創設。四十年後，台灣經濟面臨科技與地緣政治巨變下的多重機會與威脅，因此也驅動企業正視轉型與傳承。在經營者開始思考「百年企業」的今日，希望這本強調「看長」、關切「韌性」、企圖從經營本質探討當代企業挑戰的書，對於經營者能有若干參考、協助的作用。書中舛誤疏漏之處，尚祈讀者先進不吝指正。

作者序

韌性，數位變局中企業接班人的關鍵修練

黃呈豐

二十年前有幸在臺大商研所就讀，當時正是網際網路興起也同時出現泡沫的時期，我的研究論文談的是才開始萌芽的行動商務。現今常有人在談的企業轉型、數位匯流、典範轉移等等，在當時就已是常出現的關鍵字。時光匆匆二十年過去了，忽然之間我身處的傳統產業又經常跳出這些字眼，我不禁思忖這次是不是不一樣？其中有什麼變與不變？

因緣巧合之下，我再次遇到臺大商研所的黃俊堯教授，老師主要研究及教導數位轉型，而我是在第一線努力「不敗」與「能勝」的企業二代，我們共同找到了一個企業長期經營的關鍵：那就是「打造企業在事與人的不斷再合理化」。

以現在身處的機械業為例，工具機業者將自身機台（實體）加裝智慧軟體或機上盒（數位），以提供顧客虛實整合的

方案，但時常會聽到顧客要求免費、甚至進一步要求整合其他新舊機台的連結。數位轉型是當代企業必須面對的事，但到底數位化的意義跟價值為何？由於數位為當世之顯學，所以有許多研討會或組織可以參加學習，但回到企業內部收集數據之後，會去想這些數據到底能做什麼用？要解決什麼問題？在這本書中，我們嘗試用「虛實雙生架構」來理解這些事，甚至也提出精實生產與數位轉型的結合與綜效。

與此同時，台灣目前企業的平均年齡為三十六歲，進入企業創業者交棒傳承的時期，而「事」在「人」為，要做好數位轉型跟企業傳承是息息相關的。2009年，我與當時許多陸續回到家族企業的機械業二代共同成立G2，就是希望共同因應環境變化。除抱團取暖並意外成為台灣最大二代平台外，更要透過共學、共享來理解包括數位轉型、企業傳承及永續經營之道。在本書中，我們也透過實際案例來提供台灣企業「傳什麼、怎麼傳」的具體方法。

要貫穿上述主題，就像我跟G2好友分享的：更重要是保持第一代「不斷創新創業」的精神與血液，立志讓自己成為另外一個「第一代」，而關鍵就在於打造企業韌性。很高興本書發展至此，黃俊堯教授提出「韌性六力」的關鍵策略，讓企業經營者建立被動跟能動韌性，能一心不亂地面對如中美貿易戰、新冠疫情等變局，找到公司的定位方針。

本書的完成，首先感謝父母親、老婆燕華及家人一直以來對我的栽培、生活陪伴、事業協助與新書創作的支持；也要感謝一起經營事業的公司同仁們，因為有你們，公司才能夠不斷再合理化及不斷創新。此外，能夠有足夠的見識及素材要由衷感謝G2所有會長及會員們，希望未來在充滿挑戰的道路上繼續同行，一起「打造韌性」！也謝謝過去十二年一直關心G2的長官跟朋友們。感謝協助完成本書的台中精機黃明和董事長及黃怡穎特助、和和機械林志遠董事長及林祖年會長、慶鴻機電王陳鴻總經理；最後感謝林佳龍前部長、國發會龔明鑫主委、清華大學賀陳弘校長、臺灣大學胡星陽院長、玉山銀行黃男州董事長、研華科技劉克振董事長、91APP何英圻董事長百忙中撥冗為此書推薦。

作者序

協助經營者認清當下的機會與威脅

楊曙榮

自接觸商管教育以來，就養成定期閱讀《天下》雜誌的習慣，並對其中文章隱含的商管思維形塑有莫大的興趣。在課業之餘，一有空檔就閱讀當時流行的商管書籍，對商管書裡的各式二乘二矩陣等思維架構感到驚奇與困惑。驚奇在於，為何這些架構可以適用於各種不同公司與產業；困惑在於，這些看似簡單卻通用性極高的架構從何而來。

1990年代興起全球供應鏈整合，許多在地企業在此浪潮下，導入企業資源規劃，並從系統供應商提供的數個最佳實務中做出選擇，以進行組織流程再造，國際最佳實務架構和在地企業經營智慧間的取捨與磨合，也令當時年輕的我感到驚奇與困惑。驚奇在於，為何這些來自西方先進國家的最佳實務，可以成為本土企業組織再造的骨幹；困惑在於，這些高度模組化且通用性極高的最佳實務從何而來。

這些驚奇與困惑，促使我決心申請獎學金出國攻讀商管博士以一探究竟。返台任教於母校臺大之前，先後任教於多所國際知名學府；在這段人生黃金歲月期間，於「不發表則滅亡」的西方學術界遊戲規則下，從無工作保障的助理教授到取得永久教職，一路走來披荊斬棘，這難能可貴的職涯發展讓我領悟到，如何能創造出發表於國際商管頂尖學術期刊上的思維架構與邏輯，也對《天下》雜誌所報導的國外商管新興思維和國際化視野，不再感到隔閡和陌生，因為我已從旁觀者變成參與者。這二十多年來，從一個澎湖離島學子到台灣本島就讀大學與研究所，再到海外發展，本土化或全球化，對自身而言已從單選題變成複選題。

當職業生涯的上半場在海外闖蕩，心中的英雄人物早已不再是這些來自西方的管理大師和學術精英，而是如何在無資源、無技術、無人才、無人脈的劣勢下，還能邁向世界的在地企業和學者，我期盼職業生涯的下半場可以為其作出貢獻。回國這幾年，認知台灣正在雙語國家路途中前進，以及在地學術機構努力提升其在世界大學的排名，深刻地理解於國際頂尖期刊上發表和英語授課，對台灣高階人才養成和未來領袖培育的重要性，也將大多數時間投入在這些相當出世且孤獨的工作和責任上。

由於研究、教學與顧問諮詢領域聚焦於營運、行銷、資料科學相關領域之跨學科介面整合，看到許多在地企業和學生在人工智慧浪潮下感到諸多驚奇與困惑。驚奇在於，是否不需了解問題本身就能解決過往無法解決的問題？困惑在於，是否可以透過機器學習和資料視覺化來得到預測未來的水晶球？這讓我想起了《黑天鵝語錄》（*The Bed of Procrustes*）書中的一句格言警句：「要讓一個傻瓜破產，給他資訊就能得逞。」

感謝領頭的黃俊堯教授和黃呈豐會長，讓我在出世之餘仍有機會入世來細細思考，數位轉型對當代本土企業的治理、傳承與接班的重要性；在本書撰寫過程中，讓我想起了《黑天鵝語錄》書中的另一句格言警句：「你最不敢挺身對抗的人是你自己。」期盼本書可以幫助在地經營者，看清目前全球產業鏈重組和短鏈革命下的機會與威脅。

前言

企業不敗的關鍵能力

企業的韌性，是企業長期生存發展所需的動態能耐。我們無意再做導覽式或指南式的討論，對於經營者來說，系統性的「除霧」與「提醒」，應該較稀缺且重要。

這本書是為當代的「經營者」而寫。

誰是經營者？無論在大型企業集團或台灣為數眾多的中小企業裡，只要是扮演領導或輔佐企業前行角色者，都與企業的成敗直接相關，都屬於我們在書中所稱的經營者。

這兒，我們所啟動的討論，聚焦於經營者如何帶領企業在迎接當下各種挑戰之際，同時落實未來十年、五十年，乃至百年的永續經營理想。

如果把時間的尺度拉到十年後、五十年後，乃至百年後，這麼大段時間去看，企業的成敗關鍵為何？本書將指出，企業欲長期「不敗」與「能勝」，關鍵在於「韌性」（resilience）。

韌性之所以重要，是因為它抽象地總結了企業長期間應對環境變遷的歷史（而成為企業當下的「被動韌性」），同時也是企業面向未來前瞻開創的驅動力（即企業當下的「能動韌性」）。因此，韌性既是企業在經營環境裡長期調適的結果，也是未來發展的因。

從這個角度來看，長期間企業的成敗也可說是決定於企業如何適應環境的變遷。準此，我們將聚焦於兩大方向來探討企業的韌性。

首先，「由外而內」來看，有一項總體環境因素在市場競爭中日益重要，相較於其他總體環境因素也略有性質上的差異，那就是科技。對於企業來說，被動地看，科技同樣可以被理解成跟其他總體環境因素一樣，代表外部生成的機會或威脅。但如果企業採取主動、認識清楚且具備足夠的耐心，那麼科技是唯一可以被企業在發展中透過長期選擇、應用與累積，而加以逐漸「內化」的總體環境因素。科技的涵蓋甚廣，但從現在到可預見的未來，絕大多數企業所面臨的挑戰，是如何調適數位科技，以進行數位轉型，建構數據能耐。這是我們將聚焦探討的第一個方向。

其次，「由內而外」思考，企業經營者作為自然人，必然面對生理意義上的生命週期，尤其是這生命週期所帶來的各種限制。經營者對其他股東、企業成員負責。如果不想讓企業在自己的手上結束，就需要試著跳脫個人生理上生命週期及心理認知框架的局限，才有辦法讓鑲嵌於總體環境與個體環境中的企業，在涵蓋更長久的時間軸線上，適應環境的發展與改變。這樣的思考，自然會觸及手上的棒子如何交接下去的這類問題，亦即企業的傳承。這是我們將聚焦探討的第二個方向。

誠然，坊間已有大量針對數位轉型、企業傳承等課題的報導、指引與論述。從我們所見，它們所關照處理者普遍傾向操作層面的問題。然而，當經營者在較長的時間尺度上思考、規劃這些課題時，其實還需要更為「全覽」、「綜觀」的視野，以便釐清大方向。

為與市場上現有的相關討論做出互補，本書企圖提供這樣的視野，以期為經營者帶來若干撥雲去霧的幫助。

全面關照、護持、培養企業韌性

我們希望，這本書能為經營者提供一個比較宏觀的理解與支持。而這樣的理解與支持，應該能在經營者驅動企業邁向百年發展時，長期思考與實踐的重要參考。根據這樣的脈絡，本書的架構如下：

首先，從個別企業的經營到整個市場中工商各業的發展，在不同的時空環境下，都有不同「事」與「人」的挑戰。本書第一章將從較大的時間尺度，「瞻前」且「顧後」地勾勒長期而言，企業如何透過各面向的不斷再合理化，打造讓企業「不敗」且「能勝」的韌性，並簡介前述被動韌性與能動韌性這兩個面向。

接下來，本書將以兩章的篇幅，對焦至關當代企業韌性打造的數位轉型課題。

企業數位轉型是全組織的、長時間的挑戰。在實踐上，面向顧客端的與面向生產端的數位轉型，各自的重點多有交集，但也存在顯著的差異。多數的經營者，近年來應已多所涉獵各種數位轉型議題；但我們認為，如果能深入掌握顧客端與生產端各自的虛實雙生架構概念，在轉型的實踐過程中將可少走許多冤枉路。

在本書第二章，我們首先聚焦討論如何從顧客端的虛實雙生架構理解，見樹且見林地驅動顧客端的數位轉型。接續的第三章，則從生產端的虛實雙生架構出發，探討過去半個世紀發展出的生產端精進概念，如何透過數位轉型而被進一步落實、深化。就著這兩種虛實雙生架構，與市場上已有的各種數位轉型詮釋互補的這兩章，提醒經營者在長期經營的框架下，技術應用以外應該特別注意，卻經常被忽略的相關理解。

而企業一旦開啟數位轉型，經營者必然意識到（無論面向顧客端或是生產端）轉型的基礎在於數據。而在為數位轉型打底奠基的過程中，真要能夠「役數據，而不為數據所役」，關鍵就在經營者的認知、眼界與企圖。這方面在實踐上，經常見到經營者存在著明顯的世代差異。因此，本書把數據相關的討論，視為是由「事」的「不斷再合理化」銜接到「人」的「不斷再合理化」，也就是本書焦點所在的數位轉型與企業傳承間的關鍵樞紐。這部分將在第四章中討論。

接著，本書第五章對焦討論企業傳承。我們將把企業傳承，看做是經營者試圖打破自身生理年壽限制，而把自己所要「照護」企業的這段期間，放在企業生命的尺度上去思考。如果在「人」的方面，經營者能維持在長期間不斷「理出頭緒」的準備與實踐，那麼長久下來做對各種「事」的機率，相對便會大些。我們將從這個角度，討論企業傳承的內容與形式。

在本書終章，我們將透過這些討論，提醒經營者去關照、護持、培養企業的韌性。企業的韌性，是企業長期生存發展所需的動態能耐。我們將從被動與主動的兩種面向來做討論，最後並提出與數位轉型及企業傳承都有直接關係的「韌性六力」，作為全書的結論。

在這樣的安排下，本書將以企業韌性的打造為主旨，探討數位轉型、數據能耐、企業傳承這幾個彼此緊密關聯，乃至互為因果的經營課題。我們無意再做導覽式或指南式的討論，經營者應該已熟悉各種相關的內容與說法。對於經營者來說，系統性的「除霧」與「提醒」，應該較稀缺且重要。

至於貫穿本書種種除霧與提醒的，則是在「看長」的眼界下，「不斷再合理化」的心志。

圖1__本書架構

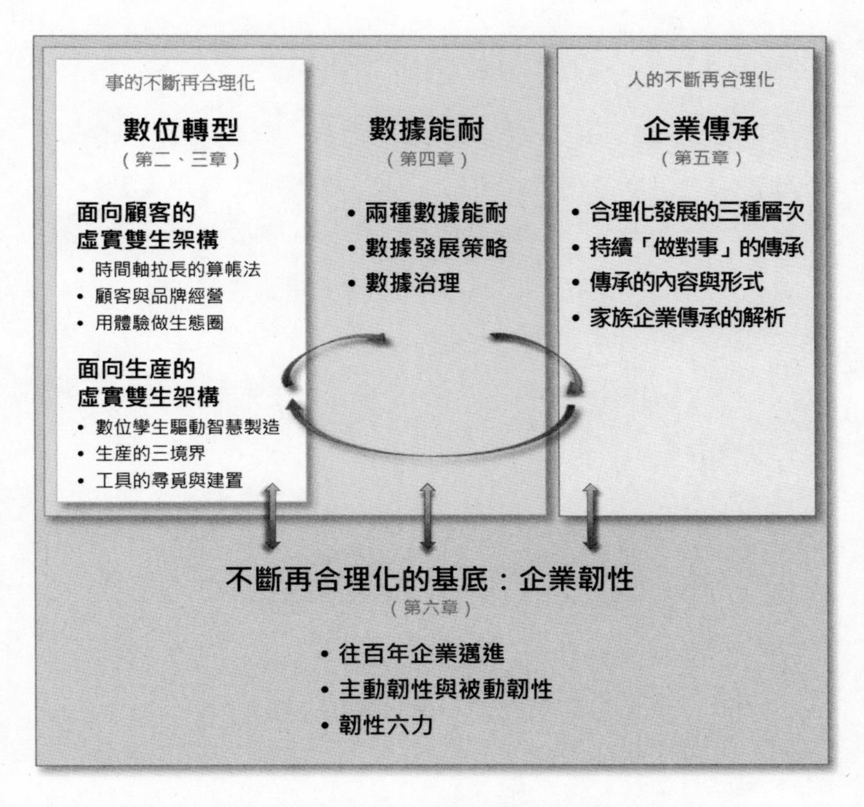

依此架構，我們將先談數位轉型，然後透過對數據工具的討論，由「事」而「人」地談企業傳承。最後，將以「韌性」概念收斂全書的討論。

第一章

企業韌性由何而來？

以企業「看長」的文化做為基底，在放大、拉長的時間格局中，
就著環境的變化，「不斷再合理化」環繞企業的「事」與「人」。
久之自可期待韌性的打造與積累。

台灣現在仍營運中的企業，平均的「年齡」大概多少呢？若以2020年底，已在台灣證券交易所公開發行並持續營運、交易的近千家上市企業為樣本，簡單分析後會發現，以現有企業型態正式成立時起算，它們都在二次大戰終戰後才創設，[1]平均只有36歲。[2]圖2簡單敘述了這些企業成立時間的分布狀況。

根據圖2所示，並且依照常識推論，假設企業創辦人或創業團隊可在企業中掌舵30年至40年的話，台灣上市公司中，有大量的企業正經歷著創業後第二世代接班的挑戰，而另有不少則剛剛渡過這個階段。此外，還有少數的企業正處於第三世代接班前後。

現在，讓我們試著穿越時空，回到這其中不少企業初創的幾十年前。

四、五十年前，號稱「台灣第一」的是縫紉機、單車、傘、鞋等產品的出口。同時，從大型電動玩具機台主機板的拆解分析開始，台灣的技術人才因緣際會地學著透過「逆向工程」，設計遊戲機主機板線路、拼裝電動玩具機台。這樣逐漸累積的能量，跟上了由蘋果打開、IBM相容機種鼓動的個人電腦硬體風潮，以及新竹科學園區的創設運行。1980年代的台灣，才開始了以硬體為主的高科技產業發展。

圖2__台灣上市企業的成立時間分布

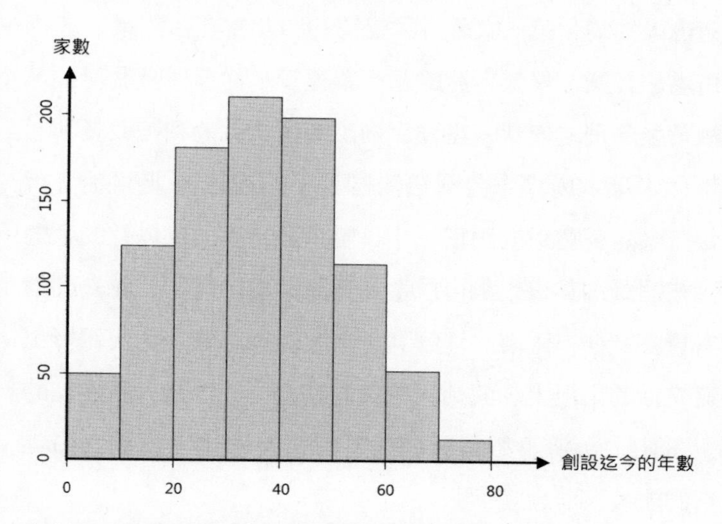

資料來源：本書作者擷取公開資訊統計編纂，統計至2020年年底

且讓我們對焦1980年代中葉，也就是目前台灣上市企業創設的眾數與平均數附近的年代，取三個產業的「切片」，來看看當時的場景。

首先，看民生日用品的零售。1980年代中葉的台灣，雖然在都會區已有幾十家青年商店（後來轉為松青超市）、百家左右的7-Eleven，[3] 以及一些統一麵包便利商店，但對於全台民眾來說，那個年代要買一打蛋、帶包鹽、拎幾罐汽水回家，大概不是去街頭的雜貨店，就是到巷尾的另一家雜貨店；量販店的概念還無人知曉。第一家萬客隆要待1989年才在台開業。

再看銀行業。早年台灣的銀行業經營，從存戶吸收存款，在銀根普遍緊俏的年代，主要靠向工商業貸放的利差而獲利。1980年代中葉，所謂「台灣錢淹腳目」的說法剛要開始流行時，銀行業隨著寬鬆的銀根，才具體意識到存放款以外的金融產品，在消費端其實也是可以替銀行賺錢的，而開始認真經營消費者貸款業務。同時，理解到身為金融通路的角色，銀行也在游資充斥的市場上，開始販售共同基金。如今為人所熟知的富邦、玉山、台新等銀行，在當時都還沒出現，直到1990年代，它們才被核准設立。

再看工具機產業。1980年代，是台灣工具機從單一環節定位的數值控制（numerical control，簡稱NC）進階到電腦數值控制（computer numerical control，簡稱CNC）的年代。當時的知名業者，除了台中精機、永進機械等至今仍各擅勝場外，不少曾經叱吒風雲的廠商，現或已不屬一線廠商，或成為業內回憶當年的話題。

從1980年代到今天，幾十年間的環境變化、市場競爭、產業遞嬗，許多企業乘勢而起，也有不少隨波而逝。1981年開始，《天下》雜誌系統性地估算、報導國內企業集團的排名。

如果我們針對同一套系統所報導的台灣前十大企業集團，來觀察比較1981年、2000年、2020年這三個各間隔約二十年的前十大排名企業，會發現1981年與2000年的前十名榜單上，交集有六家。2000年與2020年的前十大企業集團榜上，交集則只剩兩家。

因此以長線來看，市場上顛仆不破的法則是：江山代有新人出。隨著環境的變化，若干1980年代還名不見經傳的企業，在新時代名列前茅。同時，很自然地，一代新人換舊人——早年輝煌的企業集團，有不少於今光彩褪去。

後之視今，猶如今之視昔，未來我們仍會不斷見證這樣的潮起潮落。

掌握經營的「變」與「不變」

把視野從過往拉回到現在。對於台灣當代的企業領導者與經理人而言，目前經營上最棘手的是什麼？

拿這問題去請教不同的經營者，肯定會得到各式各樣的答案。企業的經營，在每一個當下，總有似乎沒完沒了、冷暖自知的麻煩。

但是，如果把問題的時間尺度拉大些，試著拋開眼下的折騰，直接「穿越」到十年後……當然，沒人真的知道未來十年將經歷什麼波折；但如果十年後企業不但健在，甚至比現今還茁壯，那麼這企業在這十年間必然在某些事情上走對路。或者反過來說，如果現在看來不錯的企業，十年後竟不行了、甚至消失了，那麼它的致命傷最可能發生在什麼地方？

答案可能還有不少，但應已比第一個題目的答案收斂很多、少很多。

企業的經營要務不外「事」和「人」。「事」無論遠近巨細，都需要「人」的判斷、決策與執行；而「人」的意志，最後則必然體現於「事」的發展、興衰、成敗。基於這樣的認識，想像方才提及那穿越的十年，那麼當今對於許多企業而言，至為關鍵的「事」是什麼？與「人」有涉的議題中，影響最廣者又是什麼？

針對這兩個問題，經營者或應思考所營諸事、所處環境中，有哪些面向無論時空，基本上不怎麼變；又有哪些面向，基本上沒個定準，常常改變。本書將提出我們的詮釋。

這「變」與「不變」的掌握，可以讓經營者了然哪些事項不宜耽溺，哪些心態合適恆常持守。

要說有點「玄」也可以，要說是老生常談的「常識」也

表1__經營相關的「變」與「不變」

	基於人性的不變面向	變動難測的面向
時間軸線	• 世代交替的自然律 • 技術進步的常態	• 自然環境的變化 • 技術進步的方向
地理範圍	• 文化差異的必然 • 互通有無的需求	• 地緣經濟與政治的變化 • 文化融合/裂解的程度與方向 • 貿易範圍與項目的消長
經營情境	• 誠信的重要 • 對利潤的追求	• 經營假設的變化方向 • 商業模式的變化方向

罷，種種必然的變，做為常態，本身其實就是不變。但我們知道這些變的必然性，卻永遠說不準在較長期的未來，它們的形貌會是如何。

表1從時間、空間與經營情境等三個層次，分類舉了些變與不變的例子。從這個表中，不難見出所謂的不變，除了若干自然律之外，常與人性有關。至於常變的例項，則可總括為經營環境的變，以及因環境之變而對經營產生的影響。

山西票號的興起與沒落

我們可以把經濟發展史，看成是資本在變動的環境中，不斷找尋合理出路的歷史。不同時空背景下的經營者，就著過往經營所積漸而成的基礎，面向變遷的環境，在自身認知框架下，透過理性計算和對未來的展望，去調動資本、智慧與勞力，讓生產技術、產品、服務、商業模式，乃至組織人事與結構「跟得上」環境的變化。這便是貫穿本書的「合理化」之旨。

而因為過往的合理配置，在時移事往後的今日未必依舊合理，所以長期看來，相對活得久、發展得好的企業，必然是在各面向上較能踐履「不斷再合理化」的企業。

商業發展史上，因「合理化」精神所導引創發而造就事業的飛黃騰達，以及因為缺乏「不斷再合理化」精神而讓事業沒落的例子，比比皆是。其中，除了個別企業外，還見得到整個「產業」都因此而潮起潮落的事例。

譬如中國清朝的山西票號。

道光年間，本業經營顏料鋪、緣起於山西平遙的日昇昌，經理人雷履泰有感於顏料市場（京津一帶）與顏料產地（四川）間相距遙遠，貨款攜帶處理不便，就向東家李氏家族提議，創設匯兌莊。清朝的第一家山西票號就這麼創立，仍名「日昇昌記」，由雷履泰受李氏家族之託，任掌櫃主持大計。隨著生意的開展，票號業務由匯兌而逐漸擴展到貼現、存放款等方面。由於政府規範票號註冊需同業聯保，因此後起的票號也都由山西商人所壟斷，所以後世便常把這「金融產業」稱為「山西票號」。

這個產業成員可說都屬當時山西的家族企業，而自始就有「所有權」與「經營權」獨立的傳統。出資家族享所有權，而專業經理人任掌櫃總理經營事務。此外，為了激勵非家族成員，很早便出現了類似現代員工入股分紅、股權激勵等制度，以淡化所有權與經營權間的衝突，讓兩者利益趨於一致。

兩百年前的金融創新所孕育出的山西票號，在道光咸豐年間據點散布全中國。諸如鴉片戰爭、太平天國等亂事中，清廷包括稅收協餉、軍費撥付等財務支應匯兌都仰賴山西票號的運作。而隨著沿海對外通商興起的貿易之需，也有幾十年的國內金融匯兌需求靠著山西票號去滿足。如此政商關係經營綿密，「匯通天下」的幾十家山西票號，在清朝晚期的經濟中扮演著相當關鍵的潤滑角色。

但也因為商運亨通、財源廣進，整個票號產業就逐漸遠離早年的創業精神，「不斷再合理化」的動機逐漸消失。

十九世紀中葉，新式銀行由西方商人引入，在上海之類的通商港埠創設。但在「官本位」的封建社會中，新式銀行的勢力主要只在沿海通商城市。山西票號作為一個集團，在各種特權下，儼然壟斷當時的中國金融體系。到了清末，清廷中央與地方的各種變法新政企圖展開，但山西各票號只願繼續做穩當的老生意。所以當北洋大臣袁世凱，在其北洋新政開展之際號召山西票號應援他所興辦的「直隸省官銀號」（1902年創）時，沒有一家票號有興趣響應。1905年，清廷仿西制創設「戶部銀行」（1908年改為「大清銀行」，民國成立後改為「中國銀行」）、「交通銀行」（1908年），邀請山西票號入股時，同樣沒有票號參加。因此清廷只好轉而邀請江浙以紡織為本的資本，挹注中國最早的官辦新銀行。

不可一世的山西票號，作為一個產業，卻在辛亥革命成功、民國成立後不久，便從中國的金融版圖上消失。相關的敗因，包括官銀匯兌因公營銀行承辦公款業務而消失、民間商業金融被江浙派的新制銀行取代、金融清算中心移轉到上海（票號都在山西清算）、維持家族企業型態運作的票號募資能力有限，無法與新制銀行比拚等等。

綜言之，山西票號之所以快速沒落，就是因其沒跟上環境的變遷而「不斷再合理化」。

動態環境中的「不斷再合理化」

先前所討論企業經營上「變」與「不變」的面向，可以藉由圖3來勾勒。

企業由人組成。這裡的人可以粗分為兩類：一是後台的股東，一是前台的企業成員；彼此可能有交集，並不一定互斥。股東出錢，企業成員勞心勞力，兩者關注的利益或有差異，但總都希望透過企業的運作，收成物質上的報償。企業的經營者，常常（但並不一定）兼具股東與企業成員的身分，統合兩方貢獻出的資源，協調兩方的利益，同時對兩方負責。

股東與企業成員共同組成、由經營者帶領的企業，物質上的報償來源是企業的顧客。企業透過產品或服務創造價值給顧客，從而創造營收。

企業經營顧客需要供應商、通路和其他協力廠商的合作。在競爭環境中，企業要面對的現實是，現有顧客同時也可能是競爭者的顧客或潛在顧客。這些直接影響顧客經營的因素，自然成為企業需要時時關切、應對的環境。相較於接下來要討論的「總體環境」，前述因子便構成企業面對的「個體環境」。[4]

企業、顧客及由競爭者、合作者、供應商與通路所定義的個體環境，常態地受到總體環境層面中各種因素的影響。無論

圖3__企業與其所處的多變環境

圖4__企業經營與時俱進的根本——不斷再合理化

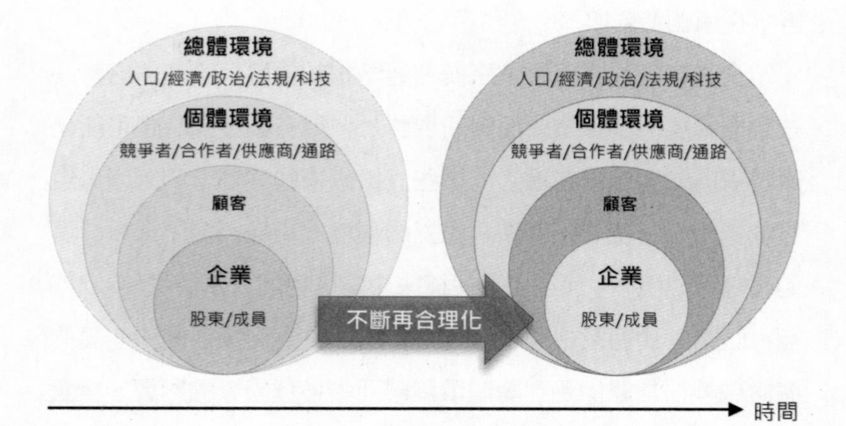

是人口的（如少子化、晚婚化）、經濟的（如利率、匯率、所得水準）、法規的（如環保、勞動等法規）、社會的（如價值觀變化、階層的流動或固化）、政治的（如地緣政治態勢、執政者的政策），其中總會有若干因素，對單一企業來說意味著機會；而另有一些則預示著威脅。

前面討論的圖3，呈現企業鑲嵌於環境中的靜態樣貌。若要從動態的角度看企業經營，便會如圖3所示，需要加入「時間」這個無可迴避的維度去檢視。隨著時間的推進，總體環境因素（以及受其影響甚大的個體環境因素）常可見明顯的變遷，甚至成為大相逕庭的「另一個世界」。

時間拉長後，企業面對的總體與個體環境常常已是另一個世界；企業在發展過程中若希望維持「不敗」、企求「能勝」，都需要經營者能掌握環境變貌，驅動企業的調整適應。

現代企業的經營，講究的是各方面的「合理化」。把時間拉長來看，變遷環境中理應抓牢的主軸線，便是與時俱進地不斷追求各方面「更合理」的經營。這便是我們在本書中所將強調的「不斷再合理化」。

「不斷再合理化」的概念，對經營者而言，就著圖4的詮釋，有「由外而內」與「由內而外」這兩種脈絡。

由外而內意思是，當圖中外圈的環境變了、客戶變了，企業要想辦法適應這些變化。當今企業在這個脈絡上無可迴避的關鍵課題，便是「數位轉型」。

至於由內而外，則是根據長期經營的企圖，檢視企業本身的體質和經營的眼界後，思考無論環境與顧客怎麼變，企業都需要從超越任何一個自然人精力與壽命的角度，進行新陳代謝的長線布局。在這個脈絡上，企業所面臨的最大挑戰就是「企業傳承」。

台灣精密機械工業的演化

台灣民間的工具機製造業發展，從1940年代終戰時算起，迄今已七十餘年。

這期間，首先是傳統手動機器階段，從內銷市場裡簡單而有公版可套、利潤有限的車床、銑床開始製造販售。1970年代，進入到數值控制單一環節定位的NC年代；台灣的工具機也在這時，自當時需求較為低階的東南亞市場開始，有了產品外銷的初步經驗。1980年代，逐步進階升級到電腦輔助數值控制的CNC產品。到了1990年代，工具機產業的衛星體系成形，體系內往來密切的協力廠商如變形蟲組織般，快速適應市場的變化。這段時期，台灣開始出產價格是傳統工具機的數倍，而多項工序可在一台機器中完成，且機器內部各環節運作協調的複合化、自動化的工具機產品。這時的內銷市場，中大型工廠開始購買已符合若干國際水準的國產工具機；外銷方面，則由美國而歐洲再及中國，依序打開台製工具機的市場。

1990年代中葉，台灣工具機業已名列全球第七大。時至今日，工具機產業外銷金額全球排名第五；新冠疫情初期的「口罩國家隊」製造傳奇，工具機業者也居功厥偉。

工具機業者，在台灣經濟發展歷程的各個階段中，隨著不同時期總體環境的變遷，持續面臨「不斷再合理化」的挑戰。譬如在客戶的經營上，早年面對初階的國內市場，甚至需要教導黑手背景的客戶認識英文字母，才有辦法照章操作機械產品。到了NC乃至CNC時代，國內外客戶的客製需求逐漸多元化，讓工具機業者必須提升技術水準，以維持競爭力。

技術提升的前提是，經營者需要有「唯投資在技術發展，生意才做得下去」的覺悟。而技術提升的過程，和過往五十年台灣各業的發展類似。正如一位工具機業者比喻，其實是個不斷從「抄抄抄」，到「邊抄邊試」，再進而到「自己試出名堂」的過程。因此對於工具機業者來說，本書所討論的數位轉型，相較於三、四十年前本土的自動化風潮，在追求合理化經營這點上並無二致。如果放在「不斷再合理化」的脈絡下檢視，那麼早年談及自動化時是以「點」為主；如今，數位轉型所指向的智慧製造則企圖串連各點，由線而面。

然而，在不斷再合理化的過程中，仍常遭遇總體環境中的限制因素挑戰。譬如工具機業者所需要的研發、資訊人才，常被科技電子業以更高的薪資水準直接從大學校園搶走。現在工具機業中，許多中堅的研發、資訊人才，是在2005至2010年前後、科技電子業行情不像現在這般看俏之際畢業，選擇進入工具機產業。至於現今更年輕一輩的相關人才，可能就如一位業者半認真半開玩笑所言，要等意識到「身體快被科技電子業操壞」之際，才願意進到作息相對正常許多的工具機產業了。這便是標準的總體環境因素限制。

面對數位化的浪潮，無論是生產上的智慧製造，抑或是產品面的「智慧機械」，台灣工具機業者——尤其是年輕一代的經營者，在過去幾年間就如其他行業般，也曾在夾雜事實與神話的各種道理中摸索。漸漸地，經營者明瞭到「抄筆記不要抄錯科」的道理。

「不會力學、只會寫程式，能設計機器嗎？」一位經營者這麼說。他以新款的賓士（Mercedes-Benz）S系列，如S450為例。這款車長度將近5.3公尺，但因為精密的後軸轉向系統設計，使得車子的轉彎半徑與車長小很多的A系列相同。能達到這般靈巧，主要靠機械方面的能耐輔以數據所造就，而不是單靠數據能耐所設計出的機械。B2C（企業對客戶的商業模式）的汽車如此，B2B（企業對企業的商業模式）的工具機更是如此。

另外，台灣的精密機械企業多半是在1970年代前後、由技術在身的創辦者以有限的資本成立。而隨著經濟起飛、市場需要、技術進步，經過近半世紀的發展，在台灣中部形成了分工合作、彼此交流密切的產業聚落。昔日的小工廠，往往在區域乃至全球市場中，成為某個產品領域裡名列前茅的廠商。

如今這類產業中，有不少企業面臨到與「人」相關的諸多課題，其中最大的挑戰，涉及上一代交班與下一代接班的企業傳承。隨著數位科技的普及，這些企業不僅要面對顧客與市場競爭，同時也需因應與數位轉型有關的諸「事」。

透過長期「不斷再合理化」，打造企業韌性

一個能夠長期實踐「事」與「人」的「不斷再合理化」的企業，便是具備韌性特質的企業。

過去幾十年間，關於韌性的研究，散見於工程科學、生態環境、心理學、資訊安全、供應鏈管理、風險管理等領域。在

工程意義上，韌性代表系統受擾後回復原狀的程度；系統的韌性愈高，受擾後回歸原狀的彈性就愈大。至於工程科學以外的韌性相關研究，大抵起自1970年代。當時有群兒童心理學家，好奇為何有些兒童即便面臨紊亂的家庭生活，仍能相對穩健地長大成人。幾乎在同一時期，另有群生態學者，則探索一個生態體系長期在各種內外部挑戰中，如何有機地保存其自我穩定、自我復原的能力。這兩條焦點與取徑殊異的研究軸線，卻不約而同地將兩者在環境衝擊下仍能長期正向發展所倚靠的特質，統稱為「韌性」。後續，管理學界的若干研究者也開始探究企業的韌性。

放諸社群、組織乃至個人層次，韌性都是對應環境中高度動態不確定性的關鍵特質。對企業而言，韌性有「被動因應」與「主動開創」這兩個面向。

與被動因應有關的韌性，涉及動盪中受各種環境衝擊當下的「損傷程度」，以及衝擊過後的「復原能力」。若從能動（proactive）的角度著眼，則韌性尚有主動開創的面向，確保組織透過不斷適應以掌握機會、趨吉避凶，而在長期得以發展、成長。

企業的韌性，讓企業不只能應對漸進性的環境改變，還能融入充斥著跳躍性、破壞性創新的環境新局。主要可被區分為兩大面向：其一，與多變環境中企業的被動應變有關；其二，涉及企業放眼長期發展、永續經營而展開的主動出擊。我們稱前者為「被動韌性」，後者為「能動韌性」，兩者互為因果。

具有被動韌性的企業，較能妥貼地適應環境，降低各種環境衝擊，在應付當下各種變化之際，相對較有餘裕看得長遠一些，為未來做些開創性的準備。而代表能動韌性的各種前瞻性嘗試、探索與安排，則反過來常成為企業在各種突發狀況乃至危機中的因應關鍵。也就是說，與「做好準備」有關的被動韌性，常源自企業能動韌性的積累。

全球大型連鎖服飾零售業，多年前便認知到全通路的必要，著手虛實整合經營的布局。但習於逛街殺時間，慣常在實體店裡選衣服、試衣服的消費者，對於業者花費巨資所做的數位建置，未必有接觸、嘗試的動機。2020年的新冠疫情危機，便讓過往在能動韌性下布局較早的業者，彰顯出其因應變局的被動韌性。例如美國蓋璞（GAP）集團與日本優衣庫（UNIQLO）等品牌的母企業迅銷集團（Fast Retailing），幾年前便已針對虛實整合的方向，「不斷再合理化」地建置可串連虛實兩端消費的電商、物流、會員機制；疫情期間，這些過往的前瞻性投資便成為實體零售交易停頓危機中的關鍵緩衝。過往的能動韌性，在疫情中相對顯現出抗衝擊的被動韌性。[5]

表2__被動韌性vs.能動韌性

	被動韌性	能動韌性
面對環境變化時的作用	危機的因應、衝擊的化解	自我更新以開創新局
關鍵因子	• 人、事、資源的既有準備 • 制度與流程	• 企業文化 • 經營者的認知、價值觀與判斷力
經營者必要配合的條件	經營的常識	合理的經營假設
與「不斷再合理化」的關聯	主要是其歷史結果	主要作為其驅動力
長期經營上的重要性	讓企業「不敗」	讓企業「能勝」

簡單地說，被動韌性讓企業遇環境亂流後得以復原；而能動韌性則確保企業長期掌握機會與成長所需的自我更新。表2彙整比較了這兩類韌性。[6]

無論被動或主動，企業的韌性由何而來？

韌性是以企業「看長」的文化做為基底，在放大、拉長的時間格局中，就著環境的變化，「不斷再合理化」環繞企業的「事」與「人」。循著「不斷再合理化」的慣性，提高企業在各節點上「對」的機率，久之自可期待韌性的打造與積累。

接下來，我們便依序地對焦數位轉型及企業傳承，透過這兩個當代經營的關鍵課題，深入地討論、詮釋這看似抽象的邏輯。

第二章

從顧客端思考數位轉型

面向市場與顧客端的數位轉型，是一個接引各種數位技術，以顧客為依歸，以品牌為基礎，以體驗為核心，以數據為槓桿的修練過程。

企業經營諸事，其中至為關鍵的命題就是「做對的事」。接下來，我們首先聚焦當代企業在韌性打造上至為關鍵、需要做對的事，也就是數位轉型。

在數位科技驅動的環境變遷中，見樹且見林地策動數位轉型，需要釐清何謂「對的事」、從而實踐有意義的「不斷再合理化」。此時，經營者要先有個管理「變」的概念框架，掌握其中關鍵何在，同時認知萬變中「不變」的核心又是什麼。

在本章與下一章中，我們將以「虛實雙生架構」作為理解數位轉型的概念框架。這架構在顧客端與生產端的內涵有所不同；希望透過兩章的說明，經營者得以統覽、掌握顧客端與生產端實踐數位轉型的核心思考。

本章，我們先探討顧客端的虛實雙生架構。

面向數位環境的顧客經營，最常見的轉型障礙是企業以傳統「做業績」的角度來計算得失。一旦套上傳統「衝季度」、「做業績」的眼鏡看待數位轉型，則可長可久的效益創造便相對是緣木求魚了。因此，我們將帶領經營者理解從「做顧客」出發的另一種算帳方式。「做業績」與「做顧客」兩者代表的是截然不同的世界觀。

如果接受企業的帳有另一種算法，欲接軌數位時代「做顧客」的世界觀，那麼經營上的各種「變」，其中最大的挑戰便是虛實整合情境下的顧客體驗管理。至於數位時代各種技術工具所圍繞著的「不變」，則是透過長期累積，以管理顧客與品牌這「一體兩面」的企業經營本質。

分辨兩種虛實雙生架構

在討論數位轉型的概念與實踐時，常常會遇到「我說的數位轉型，不是你想的數位轉型」、「你做的數位轉型，不是他要的數位轉型」這類近似「雞同鴨講」的狀況。其中原因很多，包括詞彙的定義分歧、[1]戰略與戰術、看長與看短，或者看大與究小的視野差別，以及不同行業領域裡經營實務重點的差異等等。

從企業經營的角度來說，如果順著相對全局的、策略的脈絡來看數位轉型，那麼很關鍵的一個理解是：「面向市場顧客端的經營」與「面向生產供應端的經營」兩者的環境特性有本質上的差別，使得這兩者的數位轉型在基本假設、轉型目的與管理重點上，都略有不同。因此在數位時代，兩者都有著各自的虛實雙生架構（表3）；而數位轉型的成功關鍵，就在妥善地經營這兩種虛實雙生架構。

表3__兩種虛實雙生經營

<table>
<tr><th></th><th colspan="2">面向市場顧客端</th><th colspan="2">面向生產與供應端</th></tr>
<tr><td>場景特性</td><td colspan="2">相對開放的系統</td><td colspan="2">相對封閉的系統</td></tr>
<tr><td>基本假設</td><td colspan="2">• 相對非線性的價值網絡、生態圈
• 新商業模式導致產業界線模糊</td><td colspan="2">• 相對線性的價值鏈
• 產業邊界與遊戲規則大致如昔穩定</td></tr>
<tr><td>變革目的</td><td colspan="2">• 確保生存，圖謀壯大
• 效能為重，效率為輔</td><td colspan="2">• 商業模式不變下的效率提升
• 商業模式變異下的效能確保</td></tr>
<tr><td>數位潮流</td><td colspan="2">如虛實整合零售、數位金融、新媒體</td><td colspan="2">如智慧製造、工業4.0、監理科技</td></tr>
<tr><td>管理重點</td><td>實體經營：顧客的實體體驗</td><td>數位經營：顧客的數位體驗</td><td>實體經營：生產物流的品質與成本</td><td>數位經營：生產物流數據的掌握</td></tr>
</table>

面向生產與供應端的經營，一般來說，面對的是個相對封閉的系統，包括生產與供應端的參與者大致穩定、產業疆域較少變化、流程相對線性、需管理的關鍵變數較為有限且關聯規則相對明確。以工廠的生產經營來說，容或有原料應用創新、訂單規格客製、製程優化等與時俱進的可能，一般而言，在既有供應鏈乃至價值鏈的線性架構下，面對的遊戲規則變動有限。換句話說，這類型的經營仍有較明確的規則，容易定義「同業公會」的成員有哪些，因此適合放在「產業」的框架下看待。在這樣相對封閉的系統中，經營者涉入生產情境的智慧製造、工業4.0，乃至金融情境中的監理科技（regulatory technology，簡稱RegTech）應用，通常是為了提升既有商業模式下的經營效率。

在生產供應端，近年常見在整合虛實的作業情境中強調「數位孿生」（digital twin），以說明在適當物聯網的建置下，得以透過感知器偵測與聯網通訊，將實體世界的物理或化學狀況大量且實時地數據化，而與負責監測與優化作業的數位端模擬模型雙向溝通，相互反饋。這便是我們所說的生產供應端虛實雙生架構。而其成敗的關鍵，繫諸領域知識（domain know-how）是否能全面且深入地滲透到系統的建立、整合與實際運作過程中。關於這部分，我們將在第三章詳細討論。

至於面向市場顧客端的經營，在數位時代面對的則是一個相對開放的系統。與前述的封閉系統相較，產業的邊界愈來愈模糊、意義愈來愈有限。譬如說，你能想像台灣大車隊、Uber、Line Taxi和Yoxi合組一個同業公會嗎？這些服務發源自不同產業背景，經營的卻都是雷同的線上按需叫車服務。

在這樣的意義下，數位時代面向市場顧客端的經營，企圖在非線性的價值網絡中滿足顧客需求。價值網絡中，競爭者與聯盟合作者的樣態多變，滿足同一種需求的新商業模式接踵出現，而影響經營的變數類型不定、數目眾多、常無固定規則可循，且其中不少變數並非經營者所能掌控；經營者所面對的環境，便是個相對開放的系統。此時，數位轉型的重點，往往在於確保經營者能在多變的遊戲規則中存活、適應乃至壯大，以確保效能為主要目的。

就實踐而言，面向市場顧客端的數位轉型，同樣可以理解為虛實雙生架構的經營（或者簡化稱作「虛實整合」）。但此時虛實整合卻需要更為複雜的能耐。其要務，在於讓顧客在整個交易過程、無論是線上或線下的接觸點，都能有一致而無障礙的體驗。要達此目標，一方面需要環繞著顧客以累積貫通虛實場景的數據建置（譬如近年企業爭相建構能滲透顧客旅程各個環節的會員機制）；另一方面，與面向生產供應情境的數位轉型一樣，需要大量的行業經驗，來導引數據的分析與應用。因為應對的是相對開放的、變數相對繁雜乃至難控的環境，加以必須不斷透過商業模式的更新以適應多變的競爭態勢，所以此時結合數據與行業經驗所迸發出的創意，便成為許多實體原生業者相對感到陌生的競爭能耐。

根據此處所討論的兩種虛實雙生架構，這裡我們先聚焦於企業在市場顧客端實踐數位轉型的重點；下一章，再接續釐清生產供應端數位轉型的要務。

聯合利華轉型過程中的併購與學習

大型跨國民生消費品企業聯合利華（Unilever），透過16萬名員工，管理在190個國家中、超過400個品牌與300間工廠，從而每天接觸全球25億名消費者。近幾年，聯合利華透過多項併購，快速接軌新商業模式；同時也透過購入新事業，去接觸新消費環境中的顧客，從而學習、涉獵新產品與新商業模式。

舉例來說，現任執行長喬安路（Alan Jope），2016年還在擔任美妝保養部門總裁時，就主導了當時廣受矚目的10億美元「一元刮鬍刀俱樂部」（Dollar Shave Club）併購案。另外，2017年聯合利華買下奧勒岡州的施密特天然小鋪（Schmidt's Naturals）品牌，學習以新時代的「數位草根」方式，幾乎不訴諸大眾媒體溝通，而是聚焦於消費端數據，去經營特定市場、區隔需求。

透過這些「買」來的經驗，聯合利華學習到如何像新創公司般，以較少的資源、較契合市場需求的角度來經營現代市場。譬如它2019年推出的訂閱制個人護膚商品系列Skinsei，讓消費者完成線上回答皮膚狀況與生活型態的系列問題、產出生物列印技術的皮膚診斷地圖、取得客製化推薦等三個簡單步驟，就可以不費力地透過定期定額支付，關照自己的皮膚。

在這些動作背後，聯合利華明定當今數位轉型的「5C重點」：核心是消費者（consumers），然後以內容（content）、連結（connections）、社群（communities）與商業（commerce）等元素環繞消費者。在這樣的轉型圖像中，聯合利華強調轉型的關鍵並非科技領先（technology first）或時髦的社交領先（social first），而是顧客優先（consumer first），以及員工優先（people first）。

於是，轉型的過程就嘗試著導引整個組織在重新想像、理解顧客的前提下，進行行銷、供應鏈、採購、生產、人力資源等環節的人力技術再修練（re-skilling），其中之一是「反向師徒計畫」（reverse-mentoring program）。這是由數位原生世代的年輕員工教導資深領導者理解、熟悉數位技術的應用。藉由這些過去難以想像的做法，領導階層也明確宣示要跟著總體環境變化而全面轉型的決心。

「看長」的經營：顧客與品牌

如果開發一個新顧客平均要花費7,000元，而這些新顧客平均每人一年可以創造1萬2,000元的營收，且毛利率是三成。那麼這生意能做嗎？

如果這是道選擇題，三選一：（A）可以，（B）不行，（C）不確定；你會選哪個選項？

標準答案是C，不確定。因為題目沒說清兩個關鍵：這批顧客中，有多少比例在下個年度會流失；另外，也沒說明每一年為了與留下來的顧客維繫關係，要花費多少成本。

現在，我們把這兩個關鍵條件加進來：假設上一年與品牌有交易關係的顧客，下一年有75%會持續往來，25%不再往來；此外，每年平均花費200元來經營每一名仍留存的顧客。

這樣的話，重新回到那三個選項，答案就成了A，這生意值得做。

要想從循前述條件導入的顧客處獲利，有個先決條件，就是「看長不看短」。

如下頁表4所推導，如果只看頭一兩年，這樁生意其實是賠錢而不該涉入的。但若把經營顧客當作是一樁投資，那麼在前述的簡化情境中，投資的損益兩平點要到第三年才出現；往後各年，投資回報將以逐年遞減（主要因為顧客流失）的型態，漸次累積增加。[2]

從這個例子我們看到，企業在乎的是短期業績，還是長期報酬，會讓企業做出不同的決策。

如果看重的是短期業績，在乎每一季換條溼毛巾來擰出最多的水，這樣的生意也不是不能做。但長此以往，因為專注於找新的溼毛巾而無從累積，其實更加辛苦。數位環境變化很快，如果一昧追求最新技術、趕流行，不但耗神費事，也無助於落實有意義的累積。這裡所謂有意義的累積，包括技術及相對更重要的客群。看重長期報酬的企業，基本上會把經營的重點對焦在顧客的長期經營。也因為數位環境變化快速，只有抱持長期心態經營客群的業者，透過數位轉型以持續壯大的企圖才有可能成真。

懂得「看長」的企業，能夠長時間把資源聚焦於有累積意義的事，而在經營的每個片段，透過技術的深化、市場知

表4＿從投資的角度看顧客經營

	第一年	第二年	第三年
每一留存顧客的當年盈餘貢獻	$3,400（=12,000×0.3-200）	$3,400	$3,400
留存比例	100%	75%	56.25%
同批顧客之當年期待盈餘貢獻	$3,400	$2,550	$1,912.5
同批顧客之累計損益	-$3,600	-$1,050	$862.5

識的累積，一方面累積顧客群，一方面累積品牌權益（brand equity）。換句話說，客群與品牌是「看長」型企業在市場端耕耘的一體兩面，是這類企業的經營焦點。

最簡單的理解是，不管在哪一行，如果不想陷入無止境的樽節成本、降價競爭這種循環，那麼長期間的企業經營基本上就兩條路：一是發展累積別人沒有的獨到（材料成分的、製程工序的、通路的、管理的、商業模式的等等）技術能耐；其二則是透過品牌的力量，去鞏固與壯大客群。無論是在零售、製造、金融、媒體哪個領域，強的品牌在市場上大家都認得，是品質的保證、顧客由習慣而認同的對象，無論要獲取新客或留存舊客都較為容易，且在市場上有較高的定價話語權。這種種好處彙總起來，即是所謂的品牌權益。

幾十年來，台灣大大小小B2C與B2B企業，多少都意識到品牌的重要（這方面的意識，尚且常常累積自開放市場競爭中，因品牌相對弱勢所吃的悶虧）。即便如此，除了技術面的優勢累積而在跨國市場上知名的若干B2B品牌外，各業間理解且持續循正路深耕發展品牌的業者，仍然相對有限。

進入到五光十色的數位時代，諸如「品牌已死」、「靠AI打江山」、「不要做品牌，要做平台」這類聳動說法充斥於傳媒。若干過往在品牌經營上較為空虛的企業經營者，聽多了「彎道超車」的傳說而欲「見賢思齊」，竟就選擇性、跳躍性地相信了。其實只要想想，身為顧客，不論買車、買衣服、買手搖飲、買書挑作者、小孩補習挑補習班、網購時挑電商網站，在這些涉入程度不一的交易情境中，決定選A不選B的關鍵，歸根究柢常常還是品牌。在自由交易的市場裡，出於人性的，大家總會在各種選擇中挑熟悉的、信任的、有認同感的、喜歡的品牌，以滿足自己的各種需求。這一點，無論數位技術如何發達，都不會有太大改變。

那麼，這幾年喧騰的大數據、人工智慧（AI）、行銷科技（marketing technology，簡稱MarTech），在市場經營上能扮演什麼角色呢？

如果務實地理解這些技術面發展的用處與限制，那麼無論它們以什麼樣的面貌出現，真正可以發揮作用而收長期之效的，是讓顧客在對品牌產生熟悉、信任、認同、喜歡這條路上，產生「推一把」的作用。簡單地說，就是提高品牌與顧客經營的效率。

這裡要注意的是，各種數據科技所能直接提升的是效率，而非效能。效能是成功的基礎，效率則關係到成功的維持。效能涉及做正確的事情，而效率則關係到方向確定之後，如何以較少資源達到所設定方向上較佳的成果。就此脈絡延伸，拿行路來比喻，效能牽涉到的是針對欲前往目的地所設定的方向與路徑；而效率則是在路徑明確化後，想方設法能快速省事地到達目的。

在這樣的意義下，面向市場的經營，無論古今，效能繫諸客群與品牌這一體兩面，至於各種新技術所能幫的忙，則是方向抓對了之後的效率提升。

虛實整合的顧客經營

今日B2C乃至B2B的情境中，顧客在眾多產品與服務提供者之間作選擇。如果看得短些，顧客基本上估量的是哪一個選擇最能添效用、省麻煩；若把時間拉長，不只看一回交易，那麼在某項需求的滿足上，顧客長期比較使用後，常傾向與少數乃至單一最妥當的供應源往來。

這裡的「妥當」感，是由一次次添效用、省麻煩的經驗積累而成。

經營上，依照情境的不同，提供多樣選擇、質精安心、價格廉宜，乃至於讓顧客彰顯自我、消磨時間等等，都是添效用的可能。至於省麻煩，則關係到購買相關的資訊提供、支付方法、配送機制、等待時間、契約手續等，顧客旅程中每一段服務、每一項接觸，是否都能不折騰顧客。

對於顧客來說，認得特定品牌，與它進行交易，總希望無論是線下或線上，都能有一致而無斷點的經驗。因此，運用環境中各種攸關的可能性，持續讓顧客添效用、省麻煩，一個很大的挑戰便是要透過無縫的虛實整合設計與經營，慢慢地讓顧客沒有理由不買單。

從這個角度看虛實整合，便必須是個面向顧客經營的「不斷再合理化」過程。而其目標，依照添效用、省麻煩的理路，在實體與數位雙元環境中，便應該包括：

- 顧客想了解產品或服務時，無論線上線下，都能方便、快速地找到對其有意義的資訊。
- 與已有往來歷史的顧客進行溝通時，可以針對不同顧客的習慣，分別去溝通。讓溝通的對象，都能有效接觸攸關個人的訊息。
- 新客購買產品或服務時，無論線上線下，都能方便、快速、安心地完成交易。
- 熟客購買產品或服務時，無論線上線下，都能比首購時還要更方便、快速、準確地完成交易。
- 顧客交易前後有各種諮詢乃至退換貨的問題時，無論線上線下，都能方便、快速、合理地獲得解決。
- 線上線下的布置，無論對新客還是舊客，都不會讓他們感覺到有兩個系統、兩套邏輯。對他們而言，無論在經銷處、門店、網站、APP，都能明確感受到一貫的添效用、省麻煩。

從這樣的一群目標回推，環繞著顧客旅程中的各個接觸點，就自然會觸及產品管理、價格管理、訂單管理、存貨與配送管理、金流管理、顧客關係管理（Customer Relationship Management，簡稱CRM）等方面的優化。碰到了，當然該改則改。

而這其中最為關鍵的挑戰，如我們將於第四章詳細討論的，在於建置起即時、準確而相對全面的數據能耐，讓顧客的線下行為數據能夠被合理採集、即時更新，而線上行為數據則能有效支援實體服務人員的面對面服務。要修練到這個地步，一方面需要在大量原本並無數據產生的場景中，投資數據蒐集機制；另一方面，則有賴企業打破相關資料散於各部門的「數據孤島化」現象。

一旦數據方面的能耐培養成熟，實踐虛實整合顧客經營的基本條件湊洎，有辦法藉由貫串虛實端的數據支持「整個顧客」（而非僅僅是實體顧客或線上顧客的「半個顧客」），那麼接下來更進階的本事，就是結合數據與行業經驗的顧客體驗管理了。

「先逛店後網購」的問題解方

數位時代全球零售業碰到的挑戰之一是，顧客到實體店體驗產品，確認了想買的商品後，卻到價錢稍微便宜些的競爭對手線上商店下單，對實體業者造成極大困擾。針對這類展示廳現象（showrooming），不同的業者曾多方嘗試找出應對之道。

譬如塔吉特（Target）百貨與玩具反斗城，都曾要求供應商設計提供別處找不到的專屬商品。連鎖3C家電業者百思買（Best Buy），甚至曾客製化實體店內商品的條碼，讓到店消費者以手機掃描這類條碼後，無法在非百思買發行的其他應用程式裡尋價。然而這些做法總非釜底抽薪之道，要徹底解決此問題，最後還是要回到問題的源頭：價格差異。

2012年初，百思買啟動了全商品在各種競爭實體店中保證最低價的措施。但對消費者來說，實體店的最低價不見得是線上同品的最低價，所以問題至此還是無法徹底解決。2013年，在百思買數位轉型的各項措施（包括會員制的服務、物流系統的再合理化、與供貨商的聯盟合作、員工的再訓練等等）配套下，開始了全商品線的線上線下保證最低價措施。至此，顧客自然不再有「先逛店後網購」的動機。一旦在百思買的店頭或網站看到想要的商品，都能安心下單，不怕買貴了。

非標準化商品的虛實整合轉型

隨著電商興起等大環境的變化，自2012年起，女裝品牌SO NICE實體門市的營收大幅下滑。2015年，SO NICE啟動了以虛實整合會員經營為核心的數位轉型。

透過與91APP的合作，SO NICE推出品牌APP與官網購物，並以「APP就是會員卡」的方式導入數位會員卡，建置會員系統。過程中整合所有顧客接觸點，提供無縫的零售服務。在這樣的企圖下，實體門市被賦予服務、觸摸、試穿、品牌質感打造等任務，而數位端則擔當全時段、全品項的顧客接觸與即時服務。

虛實整合的數位轉型這件「事」，其中關鍵仍在於處理與「人」有關的課題。

SO NICE的數位轉型，在「人」的方面非常關鍵的設計，是從2015年起沿用至今的分潤制度。轉型啟動後，該公司就採行順應人性的績效獎金制度，讓門市人員導引顧客下載APP成為會員後，這些會員的線上購買業績就計入該名門市人員項下，讓門市人員因此可以取得分潤。更重要的是，線上業績與門市業績分潤的獎金抽成一致。這樣的制度設計，直接消解了「左右手互搏」的可能，化解實體門市銷售人員對於OMO（online merge offline，指品牌全面融合線上與線下通路）會員制的心理拒斥，成為推動虛實整合的最大助力。

零售業數位轉型的成敗，決定於顧客體驗。經過一段時期的嘗試與觀察之後，SO NICE理解到，最佳體驗的提供不是去問客人要不要下載，而是直接在店頭幫客人下載APP，讓客人知道上頭有每周新品資訊、有各種優惠活動，而且要直接線上買或讓店員留貨都行。根據經驗，幫客人下載APP的最佳時間點，不是結帳之際，而是趁著客人試衣前後進行。

在轉型過程中，SO NICE從顧客的角度出發，策動轉變。概念上，既然顧客衝著品牌而來，不會去管到底是從線下還是線上買到SO NICE的衣服，因此在SO NICE的組織設計中，沒有獨立的電商部門，而是由總經理與業務主管從顧客經營的角度，統籌管理各通路，以徹底避免常見的部門衝突。如此一來，經營上的虛實整合實踐，便確保了顧客的完整全通路體驗。

體驗、顧客旅程與顧客接觸點

在虛實整合的數位轉型過程中，面向市場的經營效能，透過前述持續「看長」操作的累積，讓熟悉、信任、認同、喜歡所經營品牌（無論是B2B或B2C，也無論是商品、服務、平台、人物品牌）的顧客群日益壯大，願意與品牌維持長期的交易關係。掌握了這樣的效能基調，各種源於數據豐富後的客群經營技術潮流，如大數據、人工智慧、行銷科技等等，所能發揮的效率提升作用才能不斷累積。

為了讓顧客保有鮮明清楚的持續上門的理由，企業在市場經營上應連結數據，透過數據來看待與籌謀市場。

以行銷漏斗（marketing funnel）的概念來說，從行銷者的角度，循著深化顧客關係的軸線，統整看待漏斗中不同階段客群的經營可能。再如顧客旅程（customer journey）的思考，嘗試從個別分眾的角度揣摩特定客群的顧客，在交易過程各階段的所欲、所觸、所為與所感，並企圖因此不斷改善、持續合理化顧客關係的經營。就著這些架構，數據能協助經營者更明確地「看」到顧客的狀況、更清楚地瞄準顧客需求而給出攸關的提案（offering）、更清楚快速地檢討各種短期結果，並且更有所本地「猜測」顧客與品牌的關係，從而循著「看長」的角度去客製各種針對性的提案。

一旦抓準長期經營品牌／顧客這樣的大方向，經營的效能沒問題了，那麼數據技術的投資，長期而言確有可能帶來如虎添翼的效率提升。面向市場的經營，無論是B2C還是B2B，都

表5__虛實整合的主要顧客接觸點

	主要實體接觸點	主要線上接觸點
B2C	• 傳統媒體 • 店面 • 實體無店鋪管道（如自動販賣機） • 銷售人員 • 市集	• 第三方內容網站 • 搜尋引擎 • IG、LINE一類的社群平台 • 官網、自有線上商店、APP • B2C或C2C電商交易平台
B2B	• 銷售人員 • 服務團隊 • 經銷商 • 商展 • 傳統媒體	• 第三方內容網站 • 搜尋引擎 • LinkedIn一類的社群平台 • 官網、自有線上商店、APP • B2B電商交易平台

涵蓋了產品管理、價格管理、訂單管理、存貨與配送管理、金流管理、顧客關係管理、顧客接觸點管理等等複雜而多元的面向。如果就著由幹而枝、由主而從的邏輯，經營者最該率先施力的地方，會是與顧客發生各種關係的介面，也就是環繞著交易的各種接觸點。

對經營者來說，在確定價值訴求（即前面提及的給顧客「鮮明清楚的持續上門理由」）之後，施力焦點首重不同客群在不同旅程中關鍵接觸點的管理。如表5所示，這些接觸點或扮演價值溝通的要角，或直接負責價值的遞送。管理複雜的顧客接觸點，必須就著顧客的脈絡、站在顧客的角度思考顧客為何要進行交易，以及在交易過程中在乎什麼。

這幾年不少人強調顧客旅程應細緻地掌握、管理，歸根究柢就是設身處地由顧客角度出發，藉由不斷優化顧客旅程中的各個接觸點，從而長期經營品牌／顧客的企圖。

至於如何經營各個虛實接觸點，則隨場景不同，而各有作法上的差異。其中一個很重要的理解是：過程透明的體驗，通常能讓顧客認知到更高的價值。

舉例來說，一個名牌包，除了掌握目標客群對於品牌的喜好外，在日常經營的過程中，如果在若干顧客接觸點上能適時適度地彰顯製程用料的質精、工藝上的細緻繁複，乃至包裝與服務上的體貼到位等等，便為顧客提供了有意義的價值體驗。研究顯示，[3]當顧客愈遠離公司的作業程序，對於產品或服務的價值創造過程所知愈有限，則通常滿意度會愈低，願意付出的價格也較低，自然較難提升顧客對品牌的信任度及忠誠度。反之，當人們可以同步看到產品或服務的價值創造過程時，比較能感受到產品的價值。

例如美國達美樂（Domino's）推出比薩催客（Pizza Tracker）的服務，使其顧客可以透過任何（包括手機、電腦、數位電視、智慧手錶、智慧音箱等）數位接觸點訂餐，實時掌握製作與配送進度，並在外送品項即將到達時收到通知。再如美國連鎖的特快汽車維修中心（Quick Lane Tire & Auto Center），透過數位資訊顯示板，讓維修汽車的顧客在等待室等候時，可以即時看到愛車的維修進度跟狀況。這些例子中所展現的「作業透明度」（operational transparency）的概念，是在虛實整合的現代經營過程中，從接觸點看待內容與互動管理之際，值得理解與把握的重點。

數位時代顧客旅程的掌握及顧客體驗的修練，配合數位工具的建置，還開啟了各種由需求端牽動、「柔性生產」的 C2M（customer to manufacturer）的可能性；而C2M的基礎便在於前述的作業透明度。它不但讓顧客可以更了解自己感興趣的產品，也能對品牌產生豐富的情感、更高的信任。此外，作業透明度也幫助企業更了解顧客。而「作業透明」的概念再更進一階，就會邁入顧客驅動的柔性生產領域。

如果企業主要經營以「人」為對象的服務，過程中「物」的比例甚小，譬如教育、金融、法律、顧問、娛樂、銷售等等，那麼基本上必經的路徑，會是先建設起數位端的服務。有了數位端經營經驗後，再進一步求虛實整合。

之所以需要分階段，而無法直接將兩者對接的原因在於，以「人」為對象的服務，在數位端的體驗經營重點與實體端雖有交集，但補集也不小。因此，待數位端需要特別關注的體驗經營有了把握之後，顧客虛實雙生架構的實體、數位兩端才可能比較到位地整合起來。

以鋼琴教學為例，實體授課時，老師通常把重點放在觸鍵示範，以及針對學生彈奏的評論與修正。但若今天談的是規模化的數位教學，那麼體驗的重點便將包括：如何讓老師的觸鍵示範可透過數位化收到最好的效果、學生的彈奏如何被數據化後經演算法產出修正建議、修正建議以何種資訊傳遞方式反饋給學生等等。搞定了這些數位端的體驗，才有可能進一步去琢磨學生在實體與線上學習間互串的虛實整合經營可能。

綜言之，無論是B2B還是B2C的事業，隨著顧客行為數位化的顧客旅程掌握，都是全通路經營的基礎。因為顧客已經習慣線上線下交織而成的日常生活，所以任何只做線下或只做線上、仍把線上線下看成獨立通路的企業，都只能經營「半個顧客」，而浪費了做「整個顧客」的機會，讓生意愈做愈小。

在這個意義上，全通路經營的關鍵在於到位經營「整個顧客」。過程中必然會遇到各種挑戰，其中最關鍵的是價值溝通與價值遞送這兩個面向。

在價值溝通方面，面對異質的客群，溝通者既要在溝通媒介上突破同溫層效應，又要在溝通內容上夠鮮明醒目、夠「跳」、夠「毒」，還要適應關鍵數位平台不時調整的政策與演算法，譬如Google開始要移除第三方cookie、Facebook不時調整演算法。至於價值遞送，指的是線上線下統整、一致、可預期、不折騰的體驗提供，需要行銷者結合顧客經營的行業經驗與數據。儘管耗費時日，卻是新時代裡無可迴避的修練。

在虛實雙生架構下打造顧客旅程

全球第二大的水泥集團西麥斯（Cemex），在數位轉型過程中對焦於顧客體驗與創新。針對前者，該集團耗費可觀的資源，於2017年推出一款涵蓋電腦網站與行動應用介面的顧客端軟體「Cemex GO」，環繞顧客旅程的購前資訊、下單、貨品運送、支付、發票、訂單歷史管理等流程，讓遍布全球營造建築領域的大小顧客，除了傳統方法外，都能藉此更方便快速地完成交易，充分發揮了替顧客省麻煩的作用。短短三年，該集團已有90%的顧客接軌這套軟體服務，超過六成訂單透過此軟體完成。[4]

在數位時代，一個很有趣的企業發展軸線是，一旦某項產品或服務取得大量顧客的認同，該產品或服務便可轉變成有意義的平台，深化與擴大其原有的價值。Cemex GO

既然受到大量顧客認同，西麥斯便以其為基礎，推出讓客戶得以透過API（Application Programming Interface，應用程式介面）串接的SaaS（Software as a Service，軟體即服務）服務「Cemex Go Developer Center」。這個平台透過以Cemex GO為核心的微軟Azure雲端服務，讓客戶透過API串接SAP系統（systems applications and products in data processing）的ERP（Enterprise Resource Planning，企業資源規劃系統）資料，提升西麥斯與客戶雙方的交易與管理效率，甚且協助客戶端進行內部數位轉型。在新冠疫情期間，這樣的布置格外受到歡迎。

數位環境中的品牌經營

在客群經營與體驗的管理上，最有可能作為支點而發揮槓桿作用的，是品牌。至於支點是否真夠堅實、是否真能協助企業以小博大地長期撐起不斷擴增的客群，關鍵則在於經營者能否把品牌經營的方向拿捏妥當，以及是否看重常被忽略的「累積」這件事。過去，我們屢屢看見不同背景的本土企業抓住市場機會，結合精實的技術能耐，在競局中脫穎而出，享受一番榮景。但比較可惜的是，不論從區域或全球角度來看，這樣的企業能長久引領風騷者，實不多見。市況好的時候，它們的確也會耗費大量資源做行銷、做品牌；但常讓人扼腕的是，諸多做行銷、做品牌的作為，例如耗費巨資找天價代言人，短線上雖花俏吸睛，骨子裡卻缺乏針對品牌來累積些什麼的意識，以至於這類作為很自然地被視為費用，而非投資。

大家都知道，研發的本事、生產的眉角、人力的素質，在在都需要培養累積，以長期投資的角度來經營。唯獨在做行銷、做品牌這方面，不少企業只看短、求花俏，沒有意識到這件事其實與經營所需要的其他本事一樣，都需要從長期投資的角度，以累積的心態來看待。

面向市場，這裡所說的長期投資與累積，應該在乎的是，所經營的品牌有多少潛在顧客聽過、理解品牌特性，感受到品牌的長處，願意嘗試這個品牌，而又有多少嘗試過的顧客能持續保持往來關係，覺得與這品牌往來最妥當，甚至願意引薦新顧客加入。凡此種種，每一個不同的層次都需要從無到有、由有而多，循序漸進地去經營、累積。

從這個角度來說，做行銷、做品牌的終極目的便是「做顧客」。

在有合適產品或服務的基礎之上，為了這樣做行銷、做品牌、做顧客的經營，企業內部需要累積幾種能耐，包括對市場動態的掌握、對顧客偏好的敏感、對各種溝通工具的嫻熟、跨部門的無障礙協調等等。其中的重中之重，是理解與遵循正規作戰的章法，邏輯清楚地將複雜多變的市場、客群拆分解析，從長期投資與累積的心態出發，有系統、有耐心地進一步分而治之。

掌握數位時代行銷的本質

行銷的本質在數位時代並沒有改變，只是環境更為複雜，工具與可能性更多卻也更片面了。在各種技術風潮下，行銷活動的整體流程和目標可分成兩個層次來看。

首先，將各種流行風潮暫時擱一旁，最需要釐清的根本問題是，行銷者究竟有沒有掌握到現代行銷的本質。這是第一個層次。

讀者或許覺得問題有些奇怪：做行銷的，怎麼可能不知道行銷的本質是什麼？然而台灣有不少行銷工作者，無論在前數位時代，抑或是在當今的數位世界中，談行銷時總在戰術層次打轉，沒意識到釐清看長、看短之間的差別的重要，對於策略布局也相對陌生，自然就對正規作戰的思考模式有所隔閡，而只倚賴打游擊式的短期收割。

這種只求效率、不講效能的心態，使得台灣能真正長期征戰國際的品牌相對有限。如今，數位環境變動快速，打游擊的市場經營方式只會更加辛苦。倘若持續以打游擊而非正規方式經營市場的話，援引人工智慧、導入行銷科技等規劃勢將淪為空談，更別說那些能讓各種數位工具發揮更深效益、更長期效果的投資了。在這樣的情況下，各種「導入」往往只是放放煙火，錢花了，短期利潤沒有顯著的提升，自然就做不下去了。

一旦具備了正規作戰的行銷觀，從策略角度思考結合各種數位工具的行銷布局，那麼便進到問題的第二個層次。這時必須理解，各項數位工具可對於「有標準答案」或者「有明確規則可循」的各種情境，漸次練就這些情境裡逐步優化乃至自動化的本事，從而提升效率。但相對地，卻也仍有大量不會有標準答案、沒有明確規則可循的其他情境，需要透過行業內的經驗與創意去經營管理。因此，數位環境中行銷第二個層次的要點，是去檢視數位工具與人的合理搭配，並以這樣的基礎重新設計作業流程。

總之，行銷目標若著眼於長期，那麼在乎的應該是效能。這時重點在於抓緊系統性的策略思考，對焦顧客群的各種長期策略布局。在此架構下，數位工具能發揮的作用是，在正確的軌道上扮演加速器的角色，提升效率。至於效率能否真正提升的前提是，在認知數位工具的能與不能之後，將它們合理地鑲嵌於重新編派的流程中。

在數位時代裡，一旦確立與品牌經營效能相關的認知架構，由於數據的豐富化，加上運算能量的精進，我們隨時會看到各種因為接軌數據、善用行銷科技而提升經營效率的事例。例如：

- 紅牛（Red Bull）成立跨傳統與數位媒體，聚焦於運動、生活型態與文化面向的內容製作與傳播的媒體公司（Media House），打破娛樂與行銷的界線，更貼近消費者的生活。此外，紅牛旗下的音樂學院（Red Bull Music Academy）則是透過音樂去接觸顧客的平台；其內容策略非常倚重影音，YouTube頻道有千萬左右的訂閱會員，涵蓋紀錄片、迷你劇集、動畫、運動賽事等內容。
- 聯合利華將不同功能別的人員聚集於名為數位中心（digital hub）的小組，進行數據醞釀與導引產品概念的工作。譬如泰國市場，在此作法下就細分為240個市場區隔；成員分工針對每個市場區隔去製作內容、散布內容、追蹤成果。

- 跨國食品集團達能（Danone）為落實「數據操作人性化」，透過整合第一方的CRM系統與第二、第三方數據，界定顧客「部落」（tribes），探究各「部落」買或不買達能產品的原因。也因為對於部落行為與偏好的逐漸深化理解，使得電視廣告花費減少了33%，並得以進行個人化的溝通，強化顧客對於品牌的信任。[5]
- 雀巢（Nestlé）將數位轉型目標設定為：更加切實地理解消費者、虛實整合地與消費者互動、開展數位創新與新商業模式、營運的數位化、提升人員的數位能耐等等。針對與消費者互動，配合廣告程式化購買的操作，不斷提升個人化溝通的比例，從2019年的20%提高到2020年的40%。[6]

這些結合現代數位技術與工具的應用，在品牌經營上，確實能藉由比過往更有效率的方式，達到「戰役」層次的獲勝目標。但若論及整個「戰爭」的成敗，關鍵仍如前所述，需視戰役與戰役間能否邏輯連貫地從長期經營角度完整串接，並有所累積。

雀巢的改變

擁有一百五十年歷史、超過30萬名員工、旗下共管理超過2,000個消費者品牌的瑞士雀巢公司，在過去十年，為了推動數位轉型，從人與事這兩端推動改變。

其一，從2011年開始，透過數位轉型加速團隊（Digital Acceleration Team，簡稱DAT）計畫的建構，一步步推動數位轉型。

這個計畫的核心，是擇選出來自全球、背景各殊、領導潛力被看好的員工，在瑞士總部進行長達8至12個月的集訓。結束後，這些成員被視為具備了「數位維他命」（digital vitamins）的養分，歸建分布於全球各地的原單位，作為數位轉型的種子與推手。透過從數據分析到社群媒體運用的研習，以及新商業模式的廣泛探討，成員深刻地理解數位溝通環境、熟悉新溝通方法，並且養成敢於嘗試新模式的態度。經過多梯次的訓練，DAT被視為是能讓龐大且層級僵固的既有組織鬆動的方法。

其二，為了快速開發而串聯外界資源，建置了以創辦人亨利．雀巢（Henri Nestlé）為名的「HENRi」開放創新平台，同時也與數位原生企業進行各種合作。例如近期與亞馬遜的Alexa合作，提供顧客即時的語音客製化營養建議服務。

建構有意義的連結

虛實整合的顧客經營，不論在概念與技術上，都強調連結。包括人與人的連結、人與物的連結、物與物的連結，彼此互為因果，讓「整個顧客」的經營想像得以落實。技術上，上述各種可能的連結，則透過平台化、物聯網、數據科技等方面的援引應用而完善。

透過各種技術來經營「整個顧客」時，經營者宜在基本不變的商業規律掌握下，透過技術應用以驅動、建構、活化各種對顧客體驗有意義的連結。圖5勾勒出四種關鍵的連結原則，提醒經營者，在面對與顧客有關的虛實雙生架構之際，該如何釐清施力的方向。我們簡單地把圖5的意涵，詮釋如下：

原則一、面向顧客的不同需求，透過連結，經營客群異質性。

在實體的顧客經營情境，傳統上靠第一線業務／服務人員來應對顧客的各式需求。在虛實雙生的圖像下，經營者首先應思考如何透過自營或第三方平台，從數據中釐清需求端的樣態與類型。接著，再進一步思考，如何透過線上與線下的新舊做法，綿密而合理地去連結顧客需求。最後，則是讓異質性的需求經營常態化、規模化。譬如Uber Eats的外送員，平台根據其

圖5__四項連結原則

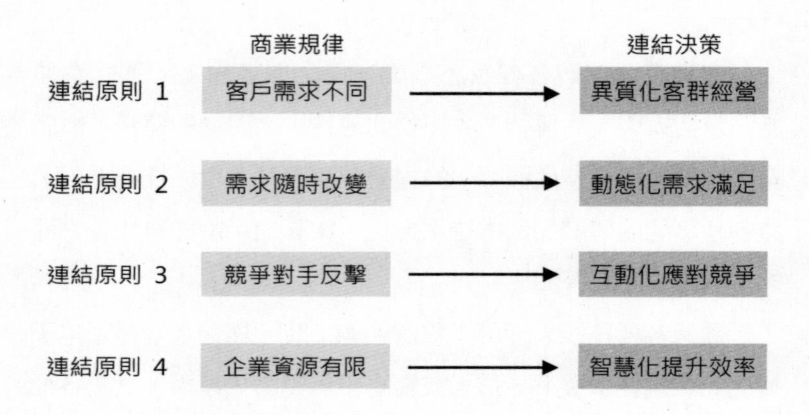

地理位置，就可透過外送員規模化地隨時照顧到不同賣家和買家的異質需求。

原則二、面向顧客需求的隨時改變，透過連結，隨時回應客群的需求。

完成如上所述的平台化與數據化之後，除了可以實踐規模化的經營外，也因數據的即時性而享有較大的動態調整可能。例如零售賣場中的電子標價牌，可以支援即時調價，讓商品在各時點上都因「對」的價格而吸引顧客。在規模化經營的場景裡，則再如Uber Eats平台的經營，透過數據與外送員體系的整合，一方面應對賣方的商品、價格調整，也照顧到異質客群的不斷變動，以及「吃了這個，想吃那個」的多變需求。

原則三、面向市場中瞬息萬變的競爭，透過連結，以大量互動鞏固、提升客群的向心。

為了在嘈雜的市場中，讓品牌的聲音、設定的目標被清楚聽到，便牽涉到數據科技結合各種數位平台，亦即前述行銷科技的應用。從常見的社交平台粉絲經營，到數位廣告的實時定價，再加上企業顧客數據平台（Customer Data Platform，簡稱CDP）可掌握的資訊，透過各種對客群有意義的價值溝通與遞送所形成的多軌連結，使得品牌與顧客間的關係，不僅不會在競爭環境裡被切斷，還可能更加穩固。

原則四、面向企業的資源限制，透過連結，以數據能耐借力使力，提升客群經營的效率。

企業無論大小，資源永遠是有限的。在虛實雙生的場景裡，若求規模化經營，對於能自動化的項目，經營者應考慮付諸實現。藉由智能化工具的建置而提升效率，或能達到為顧客與員工賦能的雙重目的。譬如美國星巴克多年修練的行動點餐支付系統（Order and Pay），讓顧客自己在到店前簡單完成點餐動作；到店後，店員與顧客便無需花時間在事務性的點餐與支付上，而讓店員的服務聚焦於較有「溫度」的項目。

以上四項連結原則的實踐，可能同時增益虛實整合顧客經營的效能（主要是原則一與原則二）與效率（主要是原則三與原則四）。很明顯地，這些原則的實踐，都以數據為基礎。對於數據，我們將於第四章更有系統地去討論。而一旦開始多方實踐這些連結原則，長期而言，企業早晚會意識到經營或參與商業生態圈的可能。

虛實整合新局中的商業生態圈

如果經營者抱持著經營客群與品牌的心志，從長期發展的角度去布局，逐漸累積起一個有向心力的客群，那麼在虛實整合的新局中，或早或晚便會碰觸到由客群這重要資產出發，外拓經營「生態圈」的課題。

商業生態圈（business ecosystem）的概念，目前所知的較早聚焦討論，源自1993年社會學家詹姆斯・摩爾（James F. Moore）在《哈佛商業評論》上所發表的一篇文章。[7] 過去三十年，隨著技術推動的市場演化，這個強調商業環境中相依共存物種間共同演化（co-evolution）、相互影響的觀點，在面向市場顧客的經營方面，詮釋力道愈來愈大。雖然傳統的產業觀念仍牢牢框架著多數經理人的思考，並且仍是商學院絕大多數課程教學時的基礎假設，但因為數位技術一方面催生各種新商業模式，同時也改變了市場交易環節資訊不對稱狀況，進而重新定義各種交易成本，所以商業生態圈作為一種價值共創的系統，成為當前面向市場顧客經營時必要的理解。

我們可以從顧客、企業與市場等三個不同的層次，分別去解析商業生態圈。

首先，同時也最重要的，是「從顧客需求的角度」來理解商業生態圈。無論是食衣住行育樂其中的哪一件事，在滿足特定需求的商業生態圈中，今日的終端顧客總面臨大量的選擇。因為顧客有著背景、偏好、習慣、限制條件等方面所共同構成的異質性（heterogeneity），所以商業生態圈中就會見到單一需求，透過新舊共生的各種商業模式而被滿足。但是在一時一地的特定商業生態圈中，扮演關鍵領導物種的領頭企業，通常是當下能讓市場中最多顧客願意與其長期往來的企業。

再者，站在「企業的角度」，同樣需要理解每個商業生態圈都以顧客需求的最終滿足為依歸。所以對中小企業來說，經營的焦點可能在相對單一的商業生態圈；但對大型企業而言，不同事業部門可能涉足的便是不同的商業生態圈。在每個商業生態圈中「沒有永遠的敵人」，同業異業在價值網絡中，共同面向顧客需求而創造價值，這時企業需要有堅實的核心能耐，以及夠靈活、能隨時因應環境變化的本事。此外，一個關鍵的理解是，除了有著「由平台而生態圈」發展脈絡的少數數位原生企業（如Google、阿里、樂天等等）外，多數有意義的商業生態圈，來自不同企業為滿足特定客群需求而逐漸產生的連結合作。譬如一個餐飲外送的生態圈，圍繞著有這方面需求的消費者，就涵蓋了外送平台、餐飲業者、支付業者等異業。

最後，站在「市場的層次」，針對特定的顧客需求，一個商業生態圈可能橫跨若干傳統定義上的產業，藉由新舊不斷演化的商業模式，透過競合關係去滿足顧客的需求。從這個層次來看，商業生態圈是一個疆界模糊而流動的動態共生環境。生態圈中，容或某一階段存在著特定的關鍵領導物種，[8]但在演化的過程中，原來的關鍵物種可能因時移事往而不再重要，原來邊陲乃至於外來的物種反成為下一階段的要角。例如中國在2015年前後標舉為國家經濟發展政策主軸之一的「互聯網+」，在該階段便是企圖透過已修練出足夠能耐的領頭互聯網企業體，在有必要更新的工商場景中，扮演各生態圈的關鍵角色。

時下屢見各種「經營生態圈」的宣示，但若從以上三個層次去掌握商業生態圈的要義，那麼經營者應該能理解：唯有堅實的客群基礎加上配適的數據能耐，才可能透過各種外拓與連結，由一而二、由二而三地慢慢擴大客群需求的經營，透過各種服務與產品將客群圍繞起來。

簡單地說，若要以經營商業生態圈為目標，經營者最好戒掉偶有的「說大話」習慣，專心聚焦在顧客與品牌的長期耕耘。如果真能完善了某項顧客需求的虛實整合經營，讓顧客對品牌有感，那麼後續無論靠自營或策略聯盟，透過由一而二、由二再三的需求經營項目擴充，比較可能落實商業生態圈的經營想像。

現在就開始，沒有終點

面向市場與顧客端的數位轉型，如本章所述，是一個接引各種數位技術，以「顧客」為依歸，以「品牌」為基礎，以「體驗」為核心，以「數據」為槓桿的修練過程。經營者在長期的經營過程中，讓客群認同自己所帶領的企業「比過去更合理」、「較對手更攸關」。這便是企業面向市場與顧客端數位轉型時「不斷再合理化」的要旨。

經營者面對這方面的修練，經常對於轉型諸事的輕重緩急、線上線下合理的配置比重、虛實整合經營下的顧客隱私等方面，存有若干困惑。以下便針對這些常見的問題，逐一簡單討論。

該快還是該慢？

根據此處的討論，數位時代面向市場的經營，憑藉著品牌發揮的效能與效率，聚焦於顧客體驗。從這樣的理路，來看待面向顧客與市場競爭的「前場」或者「外功」時，即由外到內的不斷再合理化，一個必然需要拿捏的問題是數位轉型的速度。需要透過數位轉型而實踐再合理化的面向非常多，其中輕重緩急的判斷，是相對的——既相對於顧客的期待，也相對於競爭者的速度。根據表6的分類詮釋，這兩方面的相對速度便組合成四種可能的情境。

情境一、先驅探索

有時，企業發現自己正在進行一些顧客意料之外、競爭者尚未具體涉獵的布局。走在市場與（或）技術前沿的先驅探索狀況，可能讓企業取得先進者優勢，但同時也有很大的失敗機

表6__面向顧客與市場競爭的轉型速度

		相對於顧客的期待	
		快	慢
相對於競爭者的轉型速度	快	**先驅探索** • 容錯的破壞式創新 • 實驗、迭代、取捨	**擴大戰果** 擴大心佔與市佔
	慢	**審慎關注** • 緊密觀察顧客接受度 • 確認資源準備度	**追、追、追** 有所擇選地迎頭趕上

率。在這樣的情境中，企業需要的是容錯的文化，透過實驗不斷迭代、校準與取捨的習慣，以及將各種成敗經驗內化成組織知識的修練。

情境二、擴大戰果

在數位時代，只要有心，其實可以在各種數位接觸點及第三方社群平台等處，清楚「聽到」顧客的聲音。如果是在B2B的場域，關鍵顧客的要求當然更明確而迫切。無論這些「聲音」和「要求」來自何方，倘若企業能早些「聽到」，提出有意義的解決方案，而此時競爭者還沒有明確的動作，這時策略上合適的思考，便是儘可能擴大領先競爭對手的戰果。

情境三、審慎關注

反之，如果競爭者已先對所聞所見的市場需求提出了解方，而自己的企業卻還沒有具體方案，那麼企業最起碼應該確認自己有兩種能力：一是在「雷達螢幕」密切追蹤市場動態的能力；二是具備著該解方的開發能耐。一旦該解方經確認可滿足市場上的某些需求，後續的關鍵便在於是否要急起直追，以及行動時有相配適的資源能支應。

情境四、追、追、追

最該緊張的狀況是，競爭者已提出合理的解決方案，經市場驗證確可滿足顧客期待之際，自己的企業卻還無動靜。這時就需要快速盤點外部環境與內部資源，衡量輕重緩急後，有所選擇地迎頭趕上。

前述各種客群與品牌的修練，都需要對焦於組織內部、顧客不會直接感受到的「後場」或「內功」來配合。在數位發展過程中，內功與組織內大量「人」的因素有關，即由內而外的不斷再合理化。內功的修練，合適隨著顧客能感知到的外功探索而機敏啟動，但啟動後的修練過程卻急不來也急不得。這裡的內功牽涉到人力資源、營運流程、資訊系統、組織架構等面向的改整與更新，每個面向都需要方向明確、逐步踏實的細火慢燉功夫。

此時就產生了一個有趣而近乎弔詭的理解：面向數位新局，應對的「外功」應當敏捷快速；但作為這類應對根柢的種種「內功」，卻不宜急就章。針對「外功」，合適從最為攸關的局部，也就是「輕投資」開始，快速地發展修練。這裡所謂「攸關」的局部，簡單說，就是長期間顧客在市場中不找別人只找你、認為這樣比較妥當的那些原因。而在「外功」的修練過程中，一方面連結可用的外部資源，同時自然會理解相對應需要的內功。於是，循著外功逐步累積、增加的戰果，過程中各項內功的修練方向、投資的重點，輪廓也會次第浮現。依循這樣快速應對外部，穩步發展、調整、累積內部資源的二重速度，應該可以降低「技術負債」乃至因果類似的「人力負債」窘境發生。

從戰術的層次來看，一家企業通常有若干犯錯的空間。誠然，戰術上的錯誤即便讓企業失去某些戰役，長期來說或可看做是成長路上必繳的學費，甚至「打斷手骨顛倒勇」。相對地，來自領導者視野與認知侷限的戰略失策，卻可能讓企業一蹶不振。

對處於快速變遷環境中的現代企業而言，如何確保身處競局中不會倒，甚至活得更好，避免犯下致命的戰略錯誤，是非常重要的。

沃爾瑪的不斷再合理化

作為全球實體零售龍頭的沃爾瑪（Walmart），1996年啟動了電商嘗試。2000年，Walmart.com獨立成一家公司，但網際網路泡沫破滅後的2001年，又被沃爾瑪購回。當時主管們普遍擔心線下業務被線上吞噬，加上線上事業需要龐大的投資，所以比較是從可有可無（nice to have）而不是非有不可（must have）的角度看待，對於線上事業的開展並不積極。

直至2009年，沃爾瑪的線上業務佔比仍僅達營業額的0.6%。但過去幾年間，體認到虛實整合經營的必要與必然，沃爾瑪透過收購（如綜合電商Jet.com、男性服飾O2O業者Bonobos、印度大型電商平台Flipcart.com等）、倚賴生鮮產品等強項而模仿Amazon Prime推出Walmart+ 送貨次數不限的會員制、在既有數據基礎上進一步嘗試物流與行銷相關科技應用、以實體店面密布的優勢重新規劃物流體系等等作法，往虛實整合的全通路方向前進。2021年，沃爾瑪的線上業務營收已遠超過eBay的總營收，僅次於亞馬遜。

老經驗的沃爾瑪非常清楚轉型過程中「人」的重要性。沃爾瑪傳統上有75%的幹部職位都從一線初階員工逐步晉升。2015年初，它宣布了一項人力升級計畫，包括一線員工時薪在2015年調至9美元，2016年10美元。該方案同時更新了名為「出路」（Pathway）的員工訓練計畫，透過線上課程與現場演練的結合，聚焦於顧客體驗的改善，以讓員工因在沃爾瑪工作而能提升職涯價值為目標，設計員工「帶著走」更新技能。沃爾瑪的財務長估算，在當年及次年，相關花費高達十多億美元。由於市場預期這項措施會排擠短期利潤，所以隔天股價跌了一成左右。

雖然有這樣的短期波折，但是多年的虛實整合轉型，讓沃爾瑪在「全顧客」的經營準備上已臻完整。2021年年中，華爾街給這家老牌大型通路商相當高的33倍本益比估值。雖然仍較近十年它主要對手亞馬遜（同時期本益比61）低不少，卻已接近許多大型科技公司的水準（如Google同時期的本益比為29），更顯著超越了實體原生的傳統競爭同業（如塔吉特同時期本益比為18）。

最適的線上線下比例？

在數位轉型的過程中，習慣以KPI導引企業前進方向的零售與消費金融業者，常想界定出「最適」的線上線下營業佔比，從而以該數值作為數位化營運的目標。仔細推敲，這樣的企圖其實有違數位轉型中很關鍵的經營「整個顧客」的旨趣。

原因有好幾項。首先，能把線上、線下拆得清清楚楚，是「多通路」時代從供給端角度出發的假設。這樣的假設，導向「哪裡成交就是哪裡的功勞」這看似清楚實則粗暴的結論。若從「全通路」、「全顧客」經營的概念來看，顧客不管是在線上或線下下單交易，在交易前涵蓋搜尋、比較、體驗、詢問、考慮等行為的顧客旅程中，常會碰觸到包含線下與線上的各類接觸點。所以，「在A通路下單進行交易」並不代表A通路應攬下該筆交易的全功。

如果在這樣的情境下還想把帳拆清楚的話，根據「利潤等於營收減去成本」的基本理解，營收或可直接記在交易實際發生的通路上；但成本的拆分，尤其是在實體端人員助攻下於線上成交的部分，依照傳統成本會計乃至管理會計原理，卻較難處理。舉例而言，某家零售店或銀行分行，在實體環境中由一線人員花了20分鐘仔細解說某實體商品或金融產品的好處，當晚顧客在線上完成交易。這時，計算促成該交易的成本，實務上很難將實體人員花費的20分鐘計入。不同於實體經營，營運規模愈大，需要增加的人力、物力、時間成本將依比例增加，數位端的建置起始成本高而變動成本低，所以營運規模愈大，單位總成本愈小。如果前述這家零售業者或銀行的營運達一定規模的話，忽略了實體端的貢獻，恐將在數位環境中做成「線上佔比愈大愈好」的偏頗結論，而無視於實體端在虛實互串的顧客旅程中所能發揮的助攻甚或主攻角色。

從另一個角度來看，近年有些零售業者認知到，虛實整合環境中需要以會員為管理主軸，所以在績效獎勵方面，設計讓一線員工可因其所帶入的會員線上貢獻而享受分潤。這麼做，的確可以避免員工因擔心業績被數位端奪走而產生對數位化的掣肘；但這時能做出多少線上的業績，事實上便直接受前述這類獎勵的強度所影響。獎勵強度愈大，自然可預期線上營收的佔比就能愈大。

再者，如果我們從時間軸的角度來觀察，那麼在摩爾定律的持續運作下，隨著各種數位技術的成熟，聚焦於顧客經營的多種數位應用成本理應會跟著下降。而在顧客端，數位裝置的使用習慣與虛實購物偏好，同樣會隨著環境與時間的不同而持續演變。就算囫圇吞棗地硬算出企業今年的最適線上線下佔比，也算不出三年後的最適值。

就上述這些理由總的來說，在虛實整合的經營上，顧客與市場都是「開放系統」，如果太糾結於以「封閉系統思考」的角度來硬性界定最適線上線下比例，反而可能對顧客體驗的最適設計與提供造成扭曲與損傷。畢竟，這方面的首要考量應該是前面所討論的諸原則的完善，而該等完善本質上正是個「不斷再合理化」的質性轉變過程。

虛實整合環境中的顧客隱私

隨著數位時代虛實整合的顧客經營發展，企業遲早會遇到現有法規技術和商業生態環境中，愈來愈被重視的顧客隱私與個資保護議題。顧客數據合規、適法的使用，以及有關顧客隱私的保護，對正派經營的企業來說，需要靠資訊、資安、稽核、法遵等部門的協同以確保。但在此議題上，除了被動的「不踩紅線」之外，很關鍵但較少被企業認知的一點，其實與我們之前強調的品牌直接有關，那就是顧客對於品牌的信任。

這方面的道理其實不難理解。譬如我們會願意讓少部分人知道我們的手機號碼乃至銀行帳號，但不會想讓其他人知道。願意讓那少數人知道，除了因為有時候確有其必要外，更關鍵的是，我們一定程度相信他們不會因為掌握了這些資訊而做出對我們不利的事。也就是說，我們信任這些人。

在自由市場中，一旦經營者在技術上對顧客盡了「善良管理人之義務」，那麼品牌與顧客間的個資保護和隱私等問題的最後癥結，就在於顧客信不信任這個品牌。

如果顧客對一個品牌有充足的信任，那麼品牌只要確保各種數據作業合法合規就可以了。如果顧客高度不信任某一品牌，那麼即便合法合規，顧客還是會存有各種疑慮。所以，應對個資與隱私等問題的關鍵，就是建構並維持顧客對品牌的信任。有了信任這個大前提之後，在合法合規的架構下，技術面便有各種跨平台靈活應用數據的可能，以供在第一線打仗的業者依循實戰需要去接引、應用了。

第三章

從生產端落實數位轉型

一旦掌握生產供應端的虛實雙生架構，包括全面品質管理、精實生產等等有關生產供應的重要概念，都能更到位地被實踐。

企業的生產與供應環節，也有其虛實雙生架構。「實」的部分，是物理／化學意義上的「物」的變化；「虛」的部分，現在一般稱之為「數位孿生」，也就是前述的「物」在數位空間所能形成的反映與擬象。

掌握生產供應端的虛實雙生架構，包括全面品質管理、精實生產等等有關生產供應的重要概念，都能更到位地被實踐。

概念上接軌後，如何開始？該做些什麼？做到什麼程度？問題便一一浮現。事實上，每家企業對這些問題的合理解答都會有所不同；在這一章，我們將從「不斷再合理化」的角度出發，為經營者提供一些共通的線索。

以數位孿生建置支援智慧製造

1990年代，美國就有資訊科學家以「鏡像世界」（mirror worlds）等概念，揭示數位孿生時代的即將到來。[1] 2000年之後，首先對焦於製造端的產品生命週期管理（Product Lifecycle Management，簡稱PLM），數位孿生的當代稱法與意涵就被界定下來。[2]

簡單地說，物理世界中的實體與流程，經過數位化（常與物聯網有關）的設計與布置，「如實投射」到管理者可直接進行監看、分析、模擬、控制等動作的數位平台。於是，物理世界的實體與流程，乃至於這些面向所組成的系統，便如在數位世界中形成一個雙胞胎般。這時，經過如實投射而能如實反映現實世界的數位建置，便是所謂的數位孿生。藉由數位孿生系統，管理者可以蒐集、傳輸、分析與應用相關數據，更有效率地控制實體世界，提升生產上的效率。[3]

生產的世界是三度空間的，所以實務上的數位孿生其主架構常是一個實體物件，乃至製造系統的3D數位模型。這個3D數位模型接收來自實體端的數據，能即時反映、表現與其為雙生關係的實體世界對象的狀況。管理者透過數位孿生所顯現的數據，可以如真地掌握實體世界對象的狀況，甚至據此進行數位模擬，大幅減少傳統實體測試所需花費的成本。

譬如汽車製造的情境，包括車輛的設計、產線的配置、生產的實況、維修的排程、料件的倉儲等等，從巨觀的整個生產系統到較為微觀的個別機台操作，都可能透過數位孿生的建置，而加以優化。

以焊接作業為例，包括工序的最適設計、工作站的配置、各焊點作業品質的確保，透過數位孿生配置，可以即時而完整地分析可能存在的問題、模擬各種解決方案、釐清生產效率瓶頸、規劃最適維修時間以預防故障、安排合適的派工。數位孿生一旦建置，還可支援各種數位介面，譬如透過AR或VR頭戴裝置，員工便能無風險地重複模擬操作演練高難度、高危險的各種動作，提高實際操作上的熟練度。

在數位孿生建成之後，實體和數位間即發生相互指導和相互映射的關係。

實體空間，由構成真實世界的各項要素和活動個體組成，包括環境、設備、系統、集群、社區、人員活動等，而數位空間是上述各面向的精確同步模型。透過此模型，類比個體之間與環境之間的關係，記錄實體空間隨時間的變化，並可對實體空間的活動進行類比和預測。

在工廠的生產情境中，數位孿生的建置是智慧製造的前提。舉例而言，一部加工模具用的機台，在運行過程中由工人進行操控，刀具進行切割，設備還產生大量的震動和電流訊號。所謂的智慧製造，就是透過虛實雙生的機器設備配置，讓生產有關的「事」與「人」，都能在關鍵事項上得到智慧化輔佐。譬如透過數位孿生，讓刀具在切削過程中得以被控制穩定在最佳的速度、角度，不致產生共振、震動，確保產品品質。又譬如刀具切削了一段時間後，必然發生一定程度的磨損，此時因為有數位孿生建置，機台能自動發現問題，甚至在刀具發生斷裂等異常狀況前就自動停機，提醒旁邊的工人更換。如此一來，既不造成刀具的浪費，又能確保加工符合要求。而與生產環節有關的「人」，譬如製程運行一段時間後發生人事變動，操作工換人，此時新人必須熟悉機具在不同情境下的最適參數。

透過數位孿生，機台可以顯示出老師傅在不同情境下的加工設定，讓新人快速上手，避免不必要的錯誤。

智慧製造的發展，並非只靠大數據便能具體實現。真要達到前述的智慧製造，便須搭建一個可以從數據到知識，再由知識到執行的閉環系統。在這樣的系統中，製造核心能力的提升所倚靠的是資訊世界的巨大計算力及物理世界的製造能力。當兩者有機地整合為一個虛實雙生整體，才能突破傳統生產系統在時間和空間上的限制，極大化生產系統的潛力。

因此，智慧製造並不能單純只靠生產過程監控透明化的實現，或只應用機器學習、深度學習、統計計算、最佳化方法等運算法——這些都只是智慧製造的「元件」。想要在工業場域落實智慧製造，就需要系統化、結構化地建立資訊世界和物理世界間的連結，找到問題解決最重要的影響參數，針對生產過程中物理乃至化學層面的變動，時時調校，最終得以閉環，使參數估計值收斂到一個夠窄的區域內，趨向更佳的生產效率。

小黃瓜生產也能靠數位孿生提升效率

小池誠原是一位在汽車產業工作的日本軟體工程師。自從他回家幫忙父母經營小黃瓜農場後，發現收成後上市前的小黃瓜，必須依據尺寸、形狀、顏色等特徵來分類，耗廢掉他父母大量的時間與精力。

小黃瓜這個產業，在日本並無統一的分類標準。在小池誠父母的農場，收成的小黃瓜通常被分成九大類。作為軟體工程師的小池誠，認為農民的工作應該放在蔬果的栽種養殖上，而不是浪費在分類這種可程式化的差事上。Google Alpha Go擊敗世界棋王的事例，讓他想到用深度學習的方式，訓練電腦透過大量小黃瓜照片的辨識與學習，進而分辨小黃瓜的特徵。

於是，小池誠透過使用Google TensorFlow搭配雲端系統，連結上捕捉小黃瓜影像的攝影機，訓練出一套小黃瓜的自動分類系統。

透過這樣相對簡單的數位孿生建置，讓這類有標準可循的作業得以自動化，使得農人可更專注於機器無法替代的核心本業。

虛實雙生架構下的精實生產

以前述的數位孿生來支援生產供應端虛實雙生系統中的作業，無論是依循德國的工業4.0，或者是美國的網宇實體系統（Cyber-Physical System，簡稱CPS）概念，都指向企業能夠對數據進行蒐集、匯總、排序、分析、預測、決策、分發的處理流程，開展流水線式的即時分析能力，而讓企業得以充分考慮機理邏輯、流程關係、活動目標、商業活動等特徵和要求。過程中，藉由數據、人工智慧、機器學習、統計、最佳化方法等技術手段，實現生產數據中邏輯關係與知識的即時提取，形成決策和行動，以成就從「解決可見問題」到「避免不可見問題」的優化期待，帶動製造知識的傳承。

製造業在邁向工業4.0的道路上，隨著數位孿生的建置與應用，進一步就可將發展於實體製造供應環節的一些「傳統」智慧，與透過數位孿生累積的數據能耐相結合。譬如許多台灣製造業者已相對熟悉的TPS（Toyota Production System）精實生產的概念及流程，如果在實踐面併入虛實雙生的新場景去考量、規劃、運作，應能收到比單談工業4.0或只論TPS時更完整的綜效。

TPS的基礎功之一是避免「七大浪費」，包括製造過剩浪費、不良品浪費、等待浪費、動作浪費、庫存浪費、運輸浪費，以及加工過度浪費等七項。在工廠每天的運轉實務中，充斥著這七項沒有附加價值的浪費；如何減少這七個方面的浪費，是工廠欲降低成本、提升競爭力時必然面臨的挑戰。尤其，在面對少量多樣、客製化、彈性生產的訂單型態時，企業如何在必要時生產客戶需要的產品款式及數量，不再沿用過去「單一產品大量生產」的模式，也是TPS所強調的轉變。要促成這樣的轉變，關鍵之一便是讓所有生產供應場景中的訊息、情報得以透明化，凸顯浪費之處。循此，再透過不斷地檢討跟改善，企業便可有更多的時間投入能創造附加價值的作業中，減少在搬運、等待甚至盤點庫存上的浪費，而更能專注且彈性地應對客戶需求。在虛實雙生系統中，透明化的實現當然就有賴於數位孿生的建置與應用。

如果我們更詳細地檢視數位孿生與TPS的關聯，那麼TPS理論中強調「物的四種狀態」(分別是生產加工、檢查、搬運與停滯等四種狀態）概念，便可以拿來當作聚焦優化的關鍵環節。TPS關切這四種狀態，其核心概念之一，在於強調有效運用人與機器設備，讓「物」的流動保持在最佳狀態。這裡的最佳狀態，指的是儘量讓「物」保持在生產加工的狀態下，以減少停留在檢查、搬運與停滯這三種狀態的時間。準此，精實生產的現代意義，就是依憑製造現場「人」的智慧，加上數位孿生的搭配建置，使製程透明化，從而降低浪費，專注於生產加工，提升工廠的營運效率。

在這樣的圖像裡，企業努力的起點便在盡可能減少「物」處於檢查、搬運或停滯等三種無附加價值的狀態。

接下來，我們針對數位孿生建置如何協助精實生產的落實，簡單分項說明。

物的「檢查」狀態

導入數位孿生工具前：以前的工廠大多要僱用許多品檢人員，針對進料檢驗、製程檢驗、成品檢驗等，進行天羅地網式的檢查，還需透過品質制度設定許多檢驗方式、檢驗頻率。也因此，產生出品檢主管、品檢計畫等相關的官僚管理成本。這在TPS的世界中，都被視為企業不必要的成本且無附加價值的活動。

導入數位孿生工具後：現在，許多高階生產設備已開始導入模組化線上量測系統，透過精密量測頭，連結起機台控制器，一步步實現軟硬體整合的企圖。加工前，就可以自動量測工件是否符合加工前如真圓度等要求。有了這樣的虛實雙生整合，量測頭一旦發現不良，便不進行加工。如此，TPS強調的「不加工不良品」的概念便可具體落實。當工件加工完畢，量測頭也會進行成品量測。一旦發現加工結果未達最終精度（例如工件厚度、寬度等），便會要求機器自動進行加工補償，以便達到合格精度。這些動作完全不需要人工作業，讓企業員工的心力可以用在更有價值的工作上。

物的「搬運」狀態

導入數位孿生工具前：過往在工廠裡，常依賴物料管理乃至物流管理部門的大量人力，來處理倉儲管理、物料配送搬運、成品出貨等作業。這些工作內容無趣，實務上常有雇人或維持人力的困難。

導入數位孿生工具後：企業導入數位孿生，並與自動化系統運行連結之後，對人來說無聊的操作，很大程度便可委由機器代勞。例如工廠加工時的上下料動作，在導入機器手臂或輸送帶自動上下料系統後，減少了人力，也降低了物的搬運時間。更擴大來說，工廠將前後工站的機台，透過自動上下料系統來連結，經過有效的生產節奏搭配，甚至可以讓運送所花的時間不致影響生產時間。另外，在工廠內部導入無人搬運車，乃至於以無軌道、可訓練的方式運行，讓廠內的搬運路線進行多站式停點等彈性化改變，而物料得以在不同工站間上下車。這些技術，使得工廠內無附加價值的搬運動作，透過虛實雙生的配置而被自動化，降低對生產的干擾與浪費。

物的「停滯」狀態

導入數位孿生工具前：許多重要製程倚賴造價昂貴的設備，每日必須持續24小時運作。對於資源有限的中小型製造業者而言，常無法購買多台設備以創造可資應變的設備冗餘（slack）。實務上，一旦加工設備碰到馬達的故障、刀具或刀座損壞，甚至只是某個電路板損壞等問題，都可能導致整個工廠的生產進入停滯狀態。此時所產生的負面影響可能遍及前後相關製程，造成工件堆積、停頓，甚至要等到國外技師來廠或國外零件送到，曠日廢時，讓企業付出極高的代價。

導入數位孿生工具後：智慧機械發展下，許多設備都已整合感知技術，在如偵測刀具切削的震動狀態、機台加工時的溫度，或者機台相關零件的溫度、溼度，甚至壓力、刀具加工工件時的電流訊號等情境，透過數位孿生建置所導引出的場景透明化，針對機台能提早發現加工狀態是否正常、刀具是否需要更換，甚至機台本身的零組件能否運作正常。一旦發現些微異狀，便能提早準備及更換，保持機台正常生產，避免停滯。許多當代的生產設備，也已搭配傳送技術如網路傳輸、雲端等，一旦機台有問題發生，遠端供應商也能盡速了解狀況，協助排除障礙，讓機台回到正常生產。

生產的三種境界

衡量工廠營運效率的指標，最常見的不外乎生產力，以及整體設備效率（Overall Equipment Effectiveness，簡稱OEE）。一般而言，實務界所謂的生產力，指的是產出量與投入生產要素（人、物料、機器）的比率。因此：

生產力（每人每小時產出量）= 產量（pcs）÷ 總投入工時（hour）

至於總體設備效率，指的是設備能正常運轉的百分比，當然以經常保持100%為最理想。這個比例可寫為：

OEE = 稼動率 × 產能效率 × 良率

在每天、每周或每月的工廠運作中，經營者若能將上述的兩個指標優化，通常就代表工廠的營運效率佳，能夠達到更高的生產效率及生產計畫達成率。

如我們在前面章節的討論，當今談製造能力的提升，需要有機地整合資訊世界的計算力和物理世界的製造能力。過程中最關鍵的其實還是「人」，尤其是經營者的眼界、認知與心志。對此，我們大概可以把經營者分為「不知不覺」、「後知後覺」、「即知即行」等三種樣態，也直接反映出生產的三種境界。以下，我們簡單說明這三種樣態／境界的差異，並透過圖6到圖8加以具象化詮釋。

不知不覺的經營者

這類經營者雖然可能每天閱讀《經濟日報》，熟知股匯市的變化，卻沒有掌握數據（例如生產效率數據、人力資源如出勤率、業務接單及出貨等）的習慣，久久才看一次生產報表。雖然一定程度地知道了總體環境的動態，卻無從掌握自家公司的關鍵生產情報。[4]這類經營者所領導的企業，通常也缺乏蒐集數據的習慣跟文化。即便工廠的整體設備效率不佳，主管或是不知不覺，或是不知該從何改善起。

圖6＿「不知不覺」的生產與經營

後知後覺但持續改善的經營者

經營者若願意將若干數據工具導入生產供應環節，譬如建置ERP、導入現場掃描追蹤系統等等，雖然無法達到即時反應，但可以比較快地掌握相關數據、判斷事項樣態、對焦問題所在，從而檢討改善工廠營運，提升效率。

即知即行的經營者

這類經營者，致力於讓企業朝向智慧製造發展，一步步實踐工業4.0概念。例如在機台內裝設感測器，以隨時監控設備

圖7__「後知後覺」的生產與經營

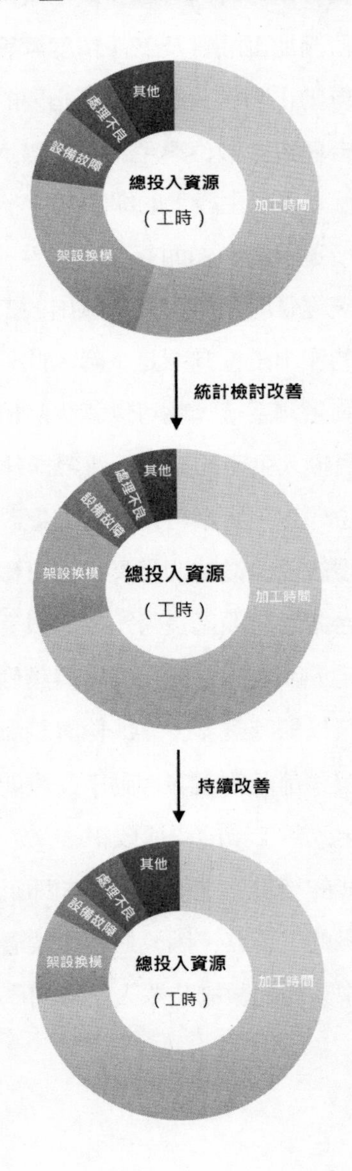

運轉的速度、進給量、換刀時間等等，或在機台內部裝設線上量測系統，以即時偵測加工品質及工件精度等等，這些都可以透過數位孿生導引自動化動作，即時產生必要的判斷及修正。從這個角度來說，合理建置數位孿生工具、讓生產供應面的虛實雙生系統合理運行，實現生產上的即知即行。

透過數位孿生所達到的即知即行生產境界，單就生產力方面的效益而言，可讓經營者及早明確辨識出，工廠每個時段的總工時投入所帶來的產出是提升還是下降。此外，當工廠端導入更多感測器或自動量測系統，就可以減少品檢人員投入檢查的時間，讓更多人員投入生產的工作，連帶提升生產力。

而透過導入數位孿生，企業可以隨時掌握設備的稼動率及產能效率。一旦發現設備停滯時間過長，就可檢討是人員效率造成閒置，還是機台架設時間過長所造成，跟著立即著手改善設備的夾治具等設定。甚至，當機台的總體設備效率開始下降或出現異常之際，可以即時監測，立即檢討相關原因，並且即時調整機台參數。這些都能夠改善稼動率及產能效率，讓整體機台設備效率上升，改善工廠的營運效率。

從不知不覺到後知後覺，進而邁向即知即行，對經營者來說，會是條充滿挑戰的辛苦路。因為過程環繞著數據，所以不妨從前幾年大家熱中談論大數據時眾人所喜的「4V」架構，來思考整個發展進程。

體量（volume）：從無到有的過程中，最好一步步來，毋需好高騖遠地求一步到位。不妨先從累積數據的習慣開始；譬如以往每個月才統計一次生產報表，變成每周統計一次，習慣後再調整為每天統計。這樣，自然便有意義地漸次增加所累積的數據量，同時培養起習慣，作為以數據優化生產的基礎。

準確性（veracity）：從不知不覺到即知即行的過程，在組織層面必然伴隨著企業的數位轉型。許多較傳統的企業，如今仍仰賴傳統人力以紙本做為紀錄跟統計的基礎，即便有各種覆核的機制，難免時生錯誤。所以，要從不知不覺的狀態「醒過來」，認知到「不斷再合理化」的必要，就應當從手邊能做的開始，一步步讓關鍵的紀錄都被數位化。哪怕只是憑藉著Excel試算表或如數據視覺化軟體Power BI去啟動這件事，只要作業流程能逐步轉為數位化紀錄，見證準確性的提高後，該動用資源建構什麼樣的數位孿生，自然會比完全沒試過時清楚。

多樣化（variety）：許多經營者只在乎財報相關數據。財務數據其實是經營與生產的結果；雖然大家想要的確實是這個「果」，但若能把「因」給看清楚了，並且做些必要調整，那麼可能因此而得到更好的「果」。開始留心於「因」的數據，便自然能導向蒐集數據的多樣性發展。在生產現場方面，常見

圖8__「即知即行」的生產與經營

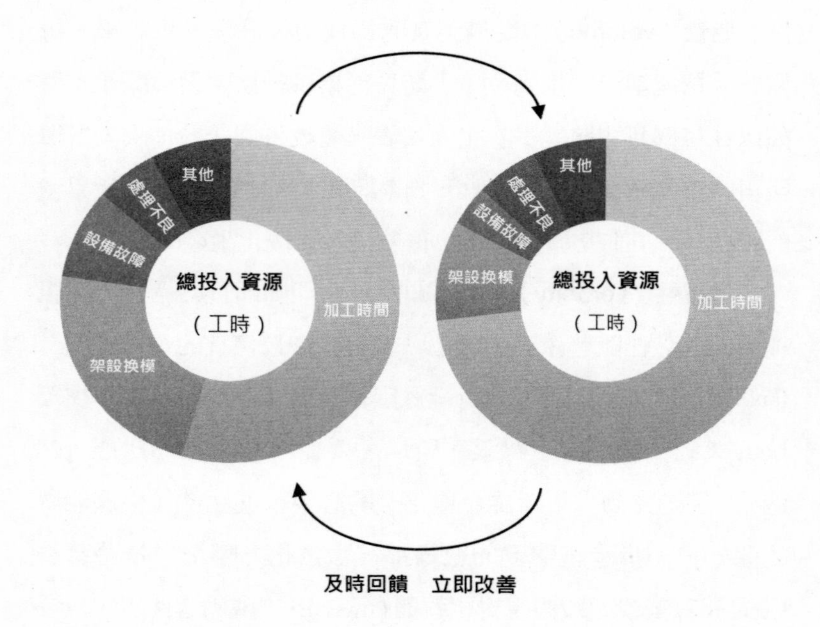

數據包括生產達成率、人員生產效率、機台稼動率等等；在支援生產的人力資源方面，則又涵蓋出勤率、流動率等等。從「沒看到」轉為「看得見」這些「因」，是現代經營上合理化的要務。

速度（velocity）：實體世界的數位化紀錄，無論是Excel報表、Power BI數據視覺化，還是ERP系統的使用，一開始主要用處在於「回顧性」的「溯源」。這就是前面所提的後知後覺的境界。習慣了後知後覺式的漸進改善後，生產供應端的經營者意識到數據的重要，也累積了一定程度的數位化數據，也許便願意投資數位孿生的建置，邁向即時性的自動化。從「回顧」而「即時」的速度變化，也象徵著生產管理上的升級。

人才，是不斷再合理化的關鍵

透過數位孿生工具的建置，來面向生產供應端，便是本書所謂不斷再合理化的實踐。這方面最終需要仰賴的，乃是人才。

譬如要做一條自動化產線，不是把機器擺在一起就能搞定，更關鍵的是工程師憑藉經驗的投入。人才終究需要企業長期的培植、積累，難以持續仰賴外援。

以台中精機為例，總工程師出身自製程加工背景，生涯發展則是一路做設備、學軟體，因為「硬軟皆通」，所以遇到無法避免的製程與軟體兩方發生衝突時，有辦法透過經驗找到最適解方。否則，僅靠不懂機械領域加工細節的資訊廠商外援，許多工廠營運現場常見的問題，很容易就無解乃至被錯解。同樣的脈絡，針對製造業中很重要的排程軟體，台中精機從不斷觀察揣摩、土法煉鋼中累積深厚經驗，目前已發展出一個可負全責的團隊。

再以和和機械為例，該企業的研發部門有將近50人；新人一進公司，要接受三個月的訓練，嫻熟各種工具，了解基本作業程序。接著，便要挑戰個別被賦予的開發題目。一名助理工程師若能針對所給的題目開發出兼顧結構、動力等方面需求的解答，就升任工程師。

建置數位孿生的經濟效益

既有的企業必然已在運行的歷程中，隨著不同場景下的需求，而有各種資訊系統的建置。這些既有的建置，在新局中未必是最合適的，然而卻常因客觀的「被套牢」（locked in），以及主觀的「維持現狀的偏誤」（status quo bias），而無法投入更合理的工具建置。

舉例而言，許多企業過往都有過以龐大預算導入基本的CRM、ERP等系統的經驗。原來編列的預算花費，只是起始階段的基本開銷，隨著基本系統的建成，接續著的支出經常包括買這個模組加價、增加那個功能價格另議、改變幾個流程而需要另尋客製化解等等。事後加總起來，實際投入原預算數倍的經費，是常見之事。至於過程中公司相關團隊累積投入的時間跟精力，還沒計算在內。

這樣花費龐大所建成的系統，倘若合用便罷，但經常在實際運行之後，反而替公司帶來各種麻煩，有時甚至超過它在作業改善上所創造的效益。或者，系統建置之初相對合用，隨著業務質與量的變化，系統開始顯得捉襟見肘，無法因應變化。

這時，到底該放棄這套系統，打掉重練，還是繼續投入更多資源，為系統增補更新？

實務上，屢見經營者久久無法下定決心全面檢視怎麼做最合理，而這般遲延決策的情況等同於決定續用既有系統，此時不免又需要增添各項為了一時堪用而增補的開支。久之，隨著沉入成本（sunk cost）的不斷墊高，形成企業被既有系統「套牢」的狀況。

表7將各種可能讓企業怯於不斷再合理化既有系統工具的各種因素，條列如下頁。

行為經濟學上有所謂「稟賦效應」（endowment effect），意思是說，我們已擁有的東西屬於個人稟賦，相較於尚未擁有的稟賦，人們往往更加重視已經擁有的，捨不得放棄。隨著這樣的心理慣性，人們便常出現「維持現狀的偏誤」，抗拒各種需要拋棄原有稟賦的改變。具備這樣心裡慣性的經營者，面對企

表7__企業被既有系統工具套牢的原因

套牢因素	說明
合約承諾	企業可能簽了長年合約，包括服務合約；資金也可能已經投入，不容易轉換
特殊系統訓練	系統商有專屬的操作介面、設定方式，企業因人力有限，要學習新系統往往很困難
資訊與資料庫	各系統間的程式語言、格式等等常彼此相異，轉換新系統的成本很高
搜尋成本	企業的資訊人才有限，光要搜尋及了解各項數位工具就已經非常艱辛
習慣感	已經習慣使用既有系統，或者熟識相關配合人員，產生習慣感，因而對新系統產生拒斥

業已建置系統的龐大沉沒成本，即便覺得應該放棄、打掉重練，卻還是難以割捨。

這時，企業能否踐履「不斷再合理化」，關鍵就在於經營者能否「歸零」思考，回到「該用什麼樣的規格」這件事上。

在數位工具建置的過程中，如果真願意在某種程度上歸零的話，那麼一開始勢必需要耗費比想像中龐大的時間與資源。這個階段基本上是蹲馬步的功夫，還沒能開始施展實際分析的拳腳，因此看不出什麼效益，卻淨耗各種資源。這是辛苦而尷尬的打地基階段，需在資訊系統、人才招攬培育、數據清整等方面下苦功。也因為這樣，便常見到企業急就章，想抄捷徑取得表面的成效，而未能投入該有的人力、時間、財務等資源。這樣的企業，常會因為內部的技術負債與外部的體驗欠佳，導致顧客經營成本增加等因素，在長期反而將面臨陡高的成本。

對經營者來說，會被既有工具套牢，通常是因為看得比較短。若要不斷再合理化生產供應場景，前提是以看長線的角度把帳算清楚。在生產供應端，數位孿生建置長期能發生的經濟效益，就相對可直接計算衡量的部分，如下頁表8所示，主要可以收到降低幾類成本的效益。

透過數位孿生，降低搜尋成本

許多工廠裡，都存在這樣的畫面：生管人員固定每兩個小時到工廠裡抄寫或蒐集每個機台的加工相關數據（例如過去兩個小時的生產產出、人員加工數量、機台生產狀況等等），然後回到辦公室，由自己或同事，開始進行數據的整理與統計，甚至開始進行分析。這些動作的目的，無非在於搜尋及掌握工廠產出的資訊。工廠規模更大者，甚至必須培養多位生管人員

表8__數位化所降低的三種交易成本

成本種類	說明	未數位化前產生的成本
搜尋成本	搜尋及掌握資訊所耗費的成本	人員抄寫紀錄生產資訊、管理階層的建立
決策成本	為執行決策或提供生產、服務所耗費的成本	原材料／半成品及成品的庫存、人員的搬運移動
監督成本	為確保執行結果而進行監督所耗費的成本	品質檢驗、管理人員監督

來進行這類例行性的作業。除了產生這些搜尋成本之外，企業往往還要透過管理人員審核、管理，以確保這些動作被有效執行。相關的驗算或稽核動作，也進一步產生組織官僚的成本。

此時，如果依循數位製造概念，適當地在機台上裝設感測器來即時蒐集資訊，並且透過連線方式統計加工產出的相關數據，即使尚無法全面導入，也能減輕人員負擔、降低企業掌握資訊的成本。例如，有些工廠已經導入條碼（barcode）掃描機制，讓相關人員只要透過掃描器就可記錄正在經手的原材料、半成品或成品，取代過去完全靠人工紀錄填寫的方式。即便是這樣的改善，都能降低公司在資訊搜尋方面的各種作業成本。

透過數位孿生，改善決策成本

2020年全球發生新冠疫情，造成整個供應鏈的大亂。這時，包括市場需求的預估、庫存的管理，乃至因為搶貨櫃現象的發生而對於運輸時間的掌握等等環節，都出現問題。在這樣多變的環境中，仍有許多本土企業沒有運用合理的數位方法來計算所需準備的庫存，而循往例透過採購人員根據所謂的安全庫存量進行備料。但真要探究安全庫存量如何設定，得到的答案常常語焉不詳。

如果企業建置了合理的數位工具，例如採行數位化防波堤採購模式，系統將可依據顧客需求量的變化，來產生各項重要物料的採購需求。同時，科學化地依據各重要物料的前置時間（lead time）、運輸時間等數據，加上人的經驗與智慧（包括判斷要保持一些運轉量或安心量，以及疫情期間全球供應鏈不穩定情況下的特殊考量），而讓資訊系統根據這些邏輯，動態產生各重要物料的採購時間點、採購量等建議。如此一來，就有利於改善採購決策，避免盲目採購過多的庫存，降低因全球供應鏈的斷鏈危機而少備了重要物料庫存所造成的風險。因此，同時可有效減少公司庫存，降低庫存成本及資金積壓。

再舉一個例子。在製造的情境中，人們常說搬運或移動都必然產生成本。因此若能夠減少花在這方面的時間，而把「人的智慧」用在更多決策品質或提升生產附加價值上面，便能夠讓工廠營運更有效率。針對這方面，目前市場上已經有多種完整的自動化選擇方案，可以實際降低工廠內部搬運或移動的時間。這些方案大致上可以分成以下幾類：

- 設備本身的自動化：自動化轉盤（加工後工件推出）、複合式加工（兩個工程以上合併）等。
- 設備與物料之間的自動化：上下料輸送帶、機器手臂、龍門式送料機等。
- 工站與工站之間的自動化：無人搬運車、條碼或無限射頻辨識（Radio Frequeney ldentificatlon，簡稱RFID）物料追蹤等。
- 生產區域與倉儲間的自動化：無人自動化倉儲、無人堆高機、無人天車、搬運機器人等。

企業若能適度導入這些自動化設備，便可讓公司人員更著重在解決問題、改善效率一類有附加價值的事務上，提升整體決策品質。同時，自動化設備的運行，還能收降低花費在搬運跟移動的浪費之效。

透過數位孿生，降低監督成本

「溯源」，或者說「鑑別」與「追溯」，是包括工業產品甚至消費性產品的製造產出過程中的關鍵流程。包括美國星巴克咖啡，都為此開發APP，希望讓客戶可以知道他們所買的咖啡是從哪裡來的、又是在什麼時候所烘培。因此，星巴克與微軟Azure區塊鏈合作，該服務讓咖啡的每段移動，包括咖啡豆一直到最終的產品，每個狀態的追蹤都記錄到共用且不可篡改的分散式帳本中，讓供應鏈及客戶對於產品的旅程有完整的視圖。最後，透過一個APP就可以讓一切資訊透明化。

傳統上，工廠對於所買進來的材料來源、客戶對於所買產品所經歷的生產履歷等，就實務而言，很難進行完整且透明的追蹤。以航空產業為例，該產業的AS9100航太品管認證，特別強調「鑑別與追溯」。但是，當工廠要掌握其所買到的材料是否符合合格來源、是否符合生產條件時，卻通常只能透過供應商提供紙本的材料證明等方式，加以記錄核實。而在產品的製程中，若有外發的部分，許多協力廠商或者沒有數位化系統或者系統不相容，並無法有效地記錄追蹤該產品，若要深度追蹤其所耗費的人力跟時間也幾乎不可行。此時若能導入區塊鏈等數位科技，便能夠有效降低監督產品材料與流程的成本，增加產品品質的可信度。

當然，因導入數位技術所帶來監督成本降低的應用，不僅於此。例如TPS概念強調「走動」跟「檢查」等動作都屬於無附加價值的作業。但我們往往可以看到工廠流程中，操作員完成一個工件的加工，流程繁瑣者可能必須先通知品檢員，然後由該品檢員移動工件到單獨的品檢室，用專屬的品檢設備進行檢查。若工件的品質符合要求，品檢員仍必須將工件再移回到機台，且若工件尺寸有誤差或需要進行補償，還須調整。可以想見，操作員、品檢員還有機台跟品檢室之間，在這些動作中會有多少的移動跟檢查，以至於耗費大量的時間。相對地，數位化的產線，先在機台上整合安裝線上量測系統，並且與機台控制器及軟體整合，進行線上量測及補償。在這樣的布置下，只要調教即時且確實，一旦加工完成產品，即為合格品，自可有效降低所謂的監督成本。

如果能就著長期的角度，評估衡量上述三大類成本的節省，並且在組織裡溝通清楚，除了可排除先前所討論的「套牢」狀況外，也比較容易應對在數位轉型實務上常見的問題，例如：

- 企業一級主管對資訊化、數位化的認知不足，為推系統而推系統，草草結案。

- 工具的建置沒有從使用者角度出發，無法從配適的流程面解決第一線工作的困難。
- 因為目標的不明確及溝通建置過程中的溝通失誤，導入不適用、大而無當的系統。

除了長期成本效益的清楚評估外，在各項變革過程中要徹底處理這些問題，需要能引進、建置、應用配適且正確的工具。這時候，自然便必須設定清楚該引進建置什麼樣的工具？另外，實踐上通常還需要釐清另一項關鍵問題：工具在哪裡？

工具如何分類？

當企業面向轉型，亟思導入「對」的數位孿生工具時，到底工具分那些類，又該往哪兒尋覓呢？這對於資源相對有限的中小企業，尤其是個棘手的難題。

首先，我們以分層的角度（下頁圖9），談生產供應場景裡數位孿生工具的分類。

圖9代表著一般工廠真要進到前述「即知即行」的生產場

圖9__數位孿生工具的幾個層次

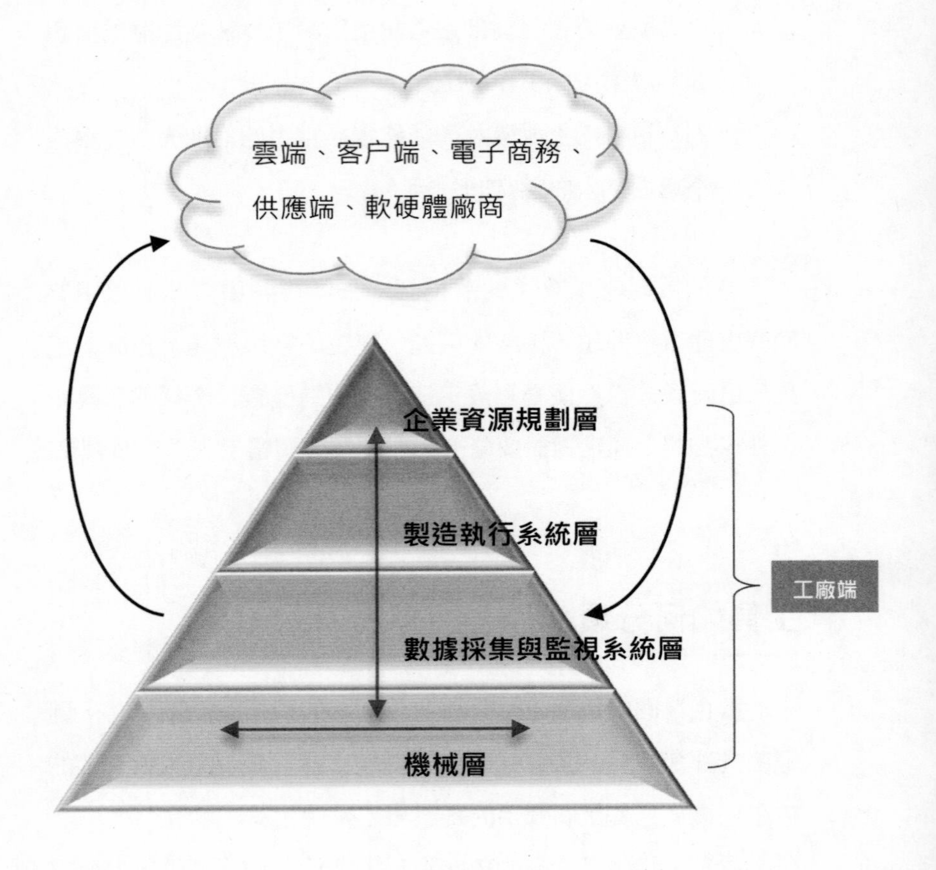

景時，基本上需要具備的幾個層次數位孿生建置。當然，企業不必強求一步到位。就如精實生產TPS概念中面向生產場景所

強調的「持續改善」——沒有最好，只有更好，數位孿生的建置亦復如此。如果確立了要往「即知即行」的生產境界邁進，不只在乎效率，還追求經營的效能，那麼由圖7選擇企業條件較成熟的層次開始，而後再由點而線地貫串生產系統，應該是合理的規劃。關於數位孿生工具的層次，以下分層簡述：

機械層（Machine Layer）

這方面，主要涉及製程中物理或化學資訊的蒐集。譬如在設備內部或者零組件上加裝感應器，讓機台的資訊透明化。以一般機械業為例，機台上裝置感應器，不外乎透過光、熱（溫度）、震動、音波等以掌握機台的狀況。這類技術已經存在多年，也是德國於十年前就提倡「工業4.0」的主要背景。裝置適當感應器的設備，透過各種訊號的捕捉，幫助企業進行最佳化計算、偵測錯誤、預警機制等任務。在台灣，機械產業內的許多業者也正透過在刀具、夾治具、主軸、冷卻系統等裝置感應器，蒐集各種機台的加工數據、加工狀態、設備的健康狀態，即時透明了解機台的生產效率、產品品質，避免機台或零組件的故障跟停機，甚至也減少人工檢查的需要，降低TPS所強調應排除的浪費。

數據採集與監視系統層（Supervisory Control and Data Acquisition，簡稱SCADA）

以近來許多廠商致力發展的智慧機械為例，台灣的工具機業者傳統上比較擅長「硬體思考」，對於軟體或物聯網（IoT）相對陌生。近年來因為工業4.0浪潮興起，不少廠商也嘗試在這方面進行技術上的升級。許多這方面的製造業者，便開發出可連網的機台監控系統，透過機台控制器及研發出來的軟體，將蒐集到的各種資訊（例如主軸的震動狀態等）進行分析比較。當主軸震動量超過某個設定值，機台便主動降速，以保護主軸跟刀具。

製造執行系統（MES）層與企業資源規劃（ERP）層

企業導入MES或ERP系統，是企業數位化常見的途徑。透過這些系統，企業開始將訂單或客戶資訊數位化，並且根據所掌握的機台及人員資訊（產能及如前所談的機台總體設備效率、稼動率等），由系統協助生產管理人員進行生產排程及派工的動作；同時在整個生產過程中，追蹤工件的進度跟時程，一直到完成品入庫及相關的庫存管理。當然，如今ERP的系統範圍更廣泛，包括了人資管理、研發管理的數位化等。這些都是數位化的過程，而其實有不少企業也早已導入多年。這類系統為企業減少生產站與站之間的等待時間浪費，甚至避免生產客戶不急或不需要的訂單，有效管理庫存，從而避免前述TPS所在意的七大浪費產生。

跟過往不同的是，隨著數位技術的不斷升級，企業必須學著用更「數位頭腦的思考方式」，運用新發展的數位工具以整合其他系統、提升系統能耐。例如透過更成熟的IoT技術，即時透明地將底層獲得的數據傳送到ERP系統中，讓系統可以根據機台的生產速度或狀況來調整生產排程，或者讓業務人員可以更快速地知道訂單的生產進度，依據狀況來跟客戶討論訂單的交期。甚至在預測到機台可能需要進行保養或維修時，主動將訊息拋給設備廠商，以便他們在遠端進行偵測或修護，並且提早預訂需更換的零組件與耗材，避免維修之際因等料所造成的停機損失。

工具從哪兒來？

台灣的中小企業雖然規模不大，但通常在某個領域長期鑽研經營，且產品也多偏向客製化，因此可以發展成近年來常被提及的「隱形冠軍」。透過與客戶長年的合作而經營有成的中小企業，便累積起屬於自己跟客戶之間的流程、方式、專屬知識（know-how）及默契。

以製造業來說，開車經過中部一些鄉間的工廠，如果細究這些工廠背後的企業，可能會發現該企業專門只做一種製程，例如「外徑精密研磨」，客戶卻遍布全球，在該製程領域擁有一片天。為何一家公司，可以靠單一製程，就能屹立不搖呢？若有機會進入該工廠一探，便會發現裡頭使用的是全世界最頂尖的歐洲磨床，有著最齊全的規格。透過與該區域的供應鏈合作（例如熱處理、車床加工等），加上對於客戶的客製化、精密度等需求的長年了解，產生了最有效率、競爭力及價格的優勢，從而也發生類同於表7所詮釋的「套牢」客戶效果。

這樣的企業，在臥虎藏龍的台灣處處可見。

但這樣的企業，更需要思考在數位轉型的旅程中，怎樣將屬於企業的know-how、企業內部的數據，結合適當的軟體或系統，在新局裡更加深化地經營顧客。此時，便必定觸及「外尋」或「自建」這兩種可能間的權衡。而通常也要經過多方探詢與嘗試之後，經營者才一步步理解到要把合己企業之用的數位孿生建置起來，基本上會是件知易行難的工作。

企業外尋：透過租借或購買

傳統的ERP或SI系統公司

多數企業目前都已有導入ERP系統的相關經驗。企業從早期的DOS版本系統，到坊間軟體公司針對某個產業推出專屬的ERP系統，隨著規模擴大所生的需求，往往就會接觸到本土乃至國際級的系統業者。企業的數位基礎往往由此開始。因此當企業有進一步數位工具的優化需求時，這些系統業者通常就是最早接觸的合作對象。但是這類系統公司各有所長；當企業想要在某個領域深化數位功能，可能就不是原本系統供應合作對象的專長。例如，本來的ERP系統可能是很成熟的進銷存系統，但若要開始連結工廠數據或者機台數據，可能就得尋找另外的合作廠商。而這時候，企業就遇到系統整合及不同業者間配合意願等問題，個別企業的流程跟內容都還另會需要客製化。

以製造業為例，即便是蒐集機台數據，台灣企業所使用的設備在屬性上高度國際化、多元化，因此包括機台控制器、軟體介面等常常發生規格不協同的狀況。單一ERP或SI系統整合（System lntegeation，簡稱SI）公司，在這樣的情況下，大多沒有完整能力協助企業整合。企業面臨就算想要「一次購足」解決方案，可能也無法買齊。

新興的雲端解決方案公司

隨著IoT、雲端、大數據技術的發展，過去的網路平台巨人如亞馬遜、微軟、Google等，都藉由雲端服務，紛紛積極搶攻B2B市場。此外，若干非平台性質的SaaS公司，也透過雲端，協助解決企業數位轉型的一部分需求。例如台灣的91APP，便針對零售業的虛整合OMO需求，提出各種價值遞送方面的解決方案。這類透過雲端所提供的解決方案，尤其是數位原生平台演化而來者，技術能力強，但對於不同企業的差異化需求，譬如製造業的生產型態、工廠的實際運作流程、甚至工廠能夠付出的成本時間精力等，多在摸索、磨合的階段。

政府機構法人

在政府「五加二」重點產業政策裡，政策性地推動智慧製造乃至人工智慧相關應用等發展。近幾年，各行各業因此常能夠接到來自各類政府法人機構（包括資策會、工研院、精密機械中心等）的各項計畫訊息。這類計畫的推動，有來自於中央政府部會者，也有來自地方政府的經費；只要廠商願意積極爭取跟推動，取得補助的機率通常不低。業界在這方面的連結上，比較常見的困擾其實是人才的流動。由於政府法人機構所聘的優秀人才，往往在待遇更高的工商產業也會有更好的工作機會，因此不見得會長期待在法人機構中。

例如許多優秀人才，可能在工研院經過幾年的洗禮跟學習，就會跳出到產業界甚至自行創業。另外，許多政府單位的計畫屬於專案性質；也就是該專案結束後，後續發展或問題就必須由企業自己面對。這些狀況，都會讓企業無法與合作的法人機構，保持較安心而緊密的長期合作關係。加以許多數位系統需要經年累月的修改與更新，因此長期而言，包括基本的系統維護都可能成為問題。

與大學院校的產學合作

與大學院校的產學合作，如果一切順利的話，的確有可能結合企業資源與研究團隊的能耐，一方面滿足若干企業端的需求，另一方面也讓學術背景的研究團隊可以累積解決實務問題的經驗。產學合作較常遇到的障礙，包括因高等教育行政體系的法規限制，所造成的專案設計彈性不足、學術團隊未必清楚認知到業界現實條件限制等問題。

企業自建

內部化往往指涉企業內部自行建置數位工具的企圖，常牽連到一個漫長、跨單位整合的過程。這時候，由上到下的觀念溝通及領導者的決心展現，便缺一不可。剛剛提到這過程中需要結合屬於企業的know-how、內部的數據，結合適當的軟體或系統。一般而言，這些任務在企業內部卻往往由不同背景的成員所負擔。例如加工技術或設計能力，在現場的師傅身上；數據的採集跟統計，傳統上是文員或管理者掌握；而資訊軟體的編寫應用或管理，則常落在資訊系統部門的肩上。要整合這背景異質性極大的三方，自然是個偌大的挑戰。

因此，如果採行自建數位工具的途徑，那麼必然面對組織管理問題的挑戰，絕非純然的技術問題。如果企業經營者能帶領企業，在數位化過程中由工具面而管理面，漸進摸索、學習、規畫與實踐，同時由個人到團隊，帶領數位工具建置乃至漸進到全組織，那麼自建所需花費的成本，的確有可能比頭痛醫頭、腳痛醫腳式的外部化途徑來得更低。

不少企業在這方面摸索既久，都不約而同地選擇了「核心自建」、「周邊彈性連結」的發展邏輯。事實上，以上所討論的「外尋」與「自建」，往往以彼此互補的型態，同時發生在企業數位化的過程中。無論是靈活彈性地槓桿外部資源，或者從頭練起若干關鍵技術、建置核心系統，一旦企業認知到數位技術是未來重要競爭力來源的話，那麼數位化工具的自建過程中，必然同時需要領導與管理面的全面支援，策動全組織的更新。這個過程中比技術層面更為關鍵的挑戰，便在於「人」了。

由效率而效能

智慧製造的發展，是個一步一腳印的循序漸進過程。

延續稍早我們將精實生產概念鑲嵌到智慧製造的發展脈絡，那麼對於任何製造業者而言，涵蓋甚廣的智慧製造，透過生產端虛實雙生架構的漸次深化，從減少「物」方面的不必要浪費，隨之發生的精簡「人」的動作與配置，再到整條生產線重新梳理，是個再合理化的過程。這整個脈絡至此，目標主要是效率的提升。

對於資源較有限的企業來說，這方面的修練通常是個由點（個別機台）而線（整條生產線），在相對封閉的生產系統中，藉由數位孿生建置，而獲得生產過程數據，從而「長眼」的過程。[5] 過程中，必不可免地需要接軌物聯網，嘗試導入人工智慧的應用（物聯網與人工智慧的連結，即所謂AIoT）。

而在虛實雙生架構下，與數位孿生對應的、做為數位孿生手腳、讓數位孿生能於實體空間發揮生產上的能動作用的，首先常是各種意義的機器人。在實體生產空間的單點上，從賦能員工、放大既有設備效率的協作型機器人，到相對簡單的動作流程上取代人力的自動化生產動機器人。前述由點而線的發展脈絡，實踐上因此常是由個別節點的機器人化，拓展到整條生產線上人與機器人的重新合理化，再到製程上員工賦能與自動化兩端平衡的最適配置。

再進一步，對某些批量大、高成本、背後資本豐沛的製造場景而言，還有一段「由線而面」的進程，往整廠少人化乃至無人化的方向推展。這方面如富士康、日月光等企業已運行的「關燈工廠」，便是整廠自動化的實踐。

無論是上述點、線，抑或是面上的製造發展，若單論自動化、機器人，都只是工廠四面牆內，相對封閉的系統中，著眼於效率的打算。除卻這方面意義上的「軍備競賽」，經營者如果看得更長、更寬，自然不會滿足於讓生產端的虛實雙生架構獨立於顧客端的虛實雙生經營之外。

製造，無論多麼智慧，最終為的總還是顧客的經營。

過去二十年間，在各個B2B的領域中，在在看到由產品銷售升級到產品鑲嵌於服務中，再進化到完整解決方案客製的製造服務化（servitization）事例，或是近年各方倡議工業4.0、談論柔性生產的各種可能，都不只放眼工廠的智慧製造，而將眼光從生產端一路拓展連結到顧客端。

若放到我們所討論的企業數位轉型架構中，這便是生產端與顧客端兩套虛實雙生架構的結合。

這樣的結合急不來，生產端或是顧客端各自的虛實雙生架構還沒都經營出頭緒之際就想談整合，必然是緣木求魚。如果能循序漸進地踏實發展，讓這兩端逐步整合，這時經營上所看的，就不只是效率了；更重要的，是長期經營的效能。

超前部署虛實雙生架構的護國神山

現在被許多台灣人喚作「護國神山」的台積電，過去數十年的發展歷程，就是個跟隨環境變化、在面向顧客與面向生產這兩端的虛實雙生架構上持續修練，而能合理串起兩端，打造長期競爭優勢的例子。

在生產端，從1990年代八吋晶圓廠時的電腦化，到2000年之後十二吋超大晶圓廠在生產、運送、派工等方面的全自動化，都見到台積電在生產端虛實雙生架構的經營之早。而後與時俱進，漸次接軌人工智慧的應用後，台積電在生產面虛實雙生架構持續深化耕耘的成果，一方面讓晶片製造競爭中至為重要的產品生命週期得以不斷精進、交期領先同業，另一方面則修練到製程參數可以持續優化的地步，真正落實了生產面的「不斷再合理化」。

在顧客端，台積電在上個世紀末便藉由供應鏈管理系統，建置了如電商型態的服務，讓客戶能網路下單、實時追蹤。進入本世紀後，發展出的eFoundry服務，一步步在數位端深化對客戶的服務。距今約十年前，台積電的客戶已可在線上隨時掌握設計端、工程端，乃至後勤端的資訊。

從這裡我們見到，顧客端的虛實雙生架構與生產端串聯，對客戶提供完整而透明化的服務流程，結合製程良率與交期保障、研發端的先進，便是台積電在「看長」的文化下，多年積累打造出的競爭護城河。

第四章

數據能耐，數位轉型到企業傳承的樞紐

企業數位轉型是項沒有終點的挑戰，但其本質可以簡單收斂為：數據科技在企業營業範疇中，與時俱進的發展與應用，而數據治理便在企業今後的長期經營企圖中至為關鍵。

掌握了顧客端與生產端各自的虛實雙生架構管理重點後，經營者很自然地會意識到，數位轉型是個透過數據，讓企業不斷「長眼」的修練過程。無論談虛實整合以經營顧客，還是論新時代的精實生產可能，關鍵都在數據。

但這麼些年來，環繞著企業與數據間關係的討論，有大量的事實，但也夾雜著不少神話。在演算法驅動各種環境變化的時代，企業要長期厚植數據能力，還是該堅持「做對的事」。以下，我們將針對企業在數據上的修練，探討一些簡單、關鍵但他處少談的理解，協助經營者撥雲見日，加大「做對的事」的機率，打造企業韌性的基底。

要合理地讓企業靠數據「長眼」，如同我們接下來所將討論的，遠不只是企業內個別部門的技術課題。企業的數據能耐發展，長期來說，最核心的其實是領導、決策與管理的課題——在當代的實踐上，這些便都指向我們將簡單討論的「數據治理」挑戰。這方面的挑戰，主要不在技術，而在人。

役數據而不為數據所役

過去幾十年間，摩爾法則驅動下的發展，讓數據的計算、儲存、傳輸成本大幅降低。因為這些技術條件的成熟，才有了虛實整合（OMO）零售、工業4.0、智慧製造等等可能的發生。無論是面向顧客市場端，還是專注於生產供應方，實際上撐持起以上詳細討論的虛實雙生架構，且讓此架構得以運作的條件，是數據。

距離現在5億4千萬年前，地球上曾有段時間經歷了所謂的「寒武紀大爆發」。此時，地球上第一次有動物生出了眼睛。出現了長眼的生物以後，會發生什麼事？

依照物競天擇的生物法則，從這時起，「長眼」的生物便開始吃「不長眼」的生物。數位環境中，同樣的物競天擇狀況也正在進行中。商業世界裡，所謂長眼靠的是數據。具備細緻數據能力的企業，正逐步侵蝕數據能力較弱企業的根基。

所以，如果我們沿用「數據寒武紀」[1]這個比喻，那麼數位轉型一事的重中之重，自然就是累積企業的數據能耐，讓企業也「長眼」，避免被其他已經「長眼」的企業所吞噬。這麼說的話，數位轉型過程中，扮演核心角色者，是數據。

無論是金融科技、零售科技、智慧製造、行銷科技，都是數據科技的應用。數據科技，一如所有的科技發展與應用，其實有著規律性。科技發展與應用的生命週期中，常經歷一段「炒作期」，然後接續著過高的期待幻滅的發展低谷期。低谷之後，比較能見到務實而較少神話的發展應用。處於炒作期的科技，常是媒體與資金的焦點。

在熱鬧的科技炒作階段，企業於公共關係上或許時有不得不然的唱和壓力，但看得比較長、圖得比較遠的企業，理解科技發展與應用的生命週期，應該分得清除了開開記者會以彰顯自己沒落伍外，許多更有意義的科技應用還有賴花時間蹲馬步去修練而得，斷非短期內可以開記者會去發表的。

對企業而言，數據應是引來接軌應用的工具，不該是拿來膜拜的圖騰。工具和圖騰的差別，主要在於我們掌握到多少的用處與限制。掌握得清楚，自然知道怎麼用及哪些情況不合用，那便是工具。如果是一知半解地相信各種「法力無邊」的神話，就不免把流行的數據科技當圖騰膜拜了。

近年來，在媒體大量的數位轉型報導浪潮推波助瀾下，但見諸多中大型企業宣示接軌大數據、擁抱人工智慧，立志要做行業內的「科技公司」。這背後，明眼人很清楚地看出，究竟是把數據科技當經營工具的成分居多，還是趕集膜拜的氣氛為主。事實上，這種對技術可能性掌握懵懂有限下，出現的群體趕集風潮，在台灣並非第一回出現。

四十年前，在電腦化漸成可能的科技環境下，主要風行於本土當時亟欲追求升級的製造業與服務業間，便曾有過一波

「生產自動化」風潮。[2]如同今天的「瘋AI」一樣，四十年前的這股自動化風潮，同樣有著政府鼓吹、獎勵，媒體大幅報導，演講座談一場接一場的熱鬧景象。但對當時的多數廠商來說，騎在浪頭上同時也就如身在迷霧中，幾經摸索卻不易找到真正走得順的路。就算接引了最新的技術，卻多半開不出想像中應有的成效。

譬如彼時媒體常報導的某指標性工具機業者，開風氣之先，巨資引進電腦輔助設計的自動化生產系統；又如在紡織業當時也具指標意義的某家本土紡織大廠，同樣耗費巨資，標榜在其在行的高密度布生產上，進行電腦自動化紡紗、織布、染整一貫生產；並且透過當時少見的資訊管理系統，讓資訊貫穿銜接台南工廠作業與台北公司決策。這些當時行業中翹楚的作為，後來並沒讓相關企業產生想像中的效率提升回報。雖然硬體可能是最先進的，但是廣義的軟體，包括企業文化、制度、人力資源，乃至經營哲學等面向的落差，讓這些當時「船堅炮利」的指標性企業，後來多沒能在戰場上收割預期的戰果。

同樣在1980年代，曾是全球車業龍頭的美國汽車大廠通用汽車（GM），面對來自高品質日系車廠與惡劣勞資關係的雙重壓力，當時的董事長兼執行長羅傑·史密斯（Roger Smith），同樣認為自動化生產的發展可以一舉兩得地改善生產品質，以及因勞力需求減低而從根本上消弭勞資緊張關係。因此，通用汽車在1980年代花費在當時足夠買下豐田與日產這兩家汽車製造商的450億美元，大舉進行生產自動化變革。後來才理解，在缺乏品質意識、無法確保品質的條件下大舉自動化，並無法解決根本問題，而是將各種混亂混淆給自動化了。這段期間，通用汽車的相對品質反而每況愈下。

就著這些理解，此處我們所關切的重點，自然便不是趕流行、為了短期內可供開記者發表會目的而接軌的各種數據技術應用。我們將從與企業長期經營息息相關的數位轉型與企業傳承角度，試著替經營者撥開一些籠罩著的霧。

以下我們開啟的，希望是與迄今媒體、顧問端各種數據科技相關論述互補，且相對而言較為本質性的，而我們認為經營者有必要具體掌握的相關討論。

給電腦看的、給人看的兩種數據

前面的討論中曾提及，「做有累積意義的事」便是經營上為效能鋪路的基礎。而「看長」的客群經營，最終讓客群得以健康地成長，則是面向市場經營的效能關鍵所在。客群經營的宗旨並不複雜，歸根究柢是要給顧客一個持續上門的理由，如此而已。操作的架構上，主軸線則是針對企業所長，選定一個或若干個要經營的目標客群，然後針對各個所選的目標客群，分別給出鮮明清楚的持續上門理由。[3] 然後，市場經營的資源，便主要在長期而持續地支援、灌沃、維繫這理由的大前提之下，聚焦於長期觀點的顧客經營。

然而，這幾年流行的大數據行銷、精準行銷，常常在推銷者囫圇吞棗下，模模糊糊地這麼被當作「商業類固醇」兜售。[4]影響所及，似乎只要能接軌了這些流行概念背後的技術應用，經營便能跟上時代。

我們就著一般流行的人工智慧想像，這兒舉個例子來檢討一下這件事。

打開衣櫥，簡單回想一下裡頭有奢有儉的每樣衣物，當初進到這衣櫥的緣由。如果要給這每樣衣物的價格、款式、色調、品牌、購買源、穿著頻率、穿著場合、你對它的喜好程度等等，夾雜主客觀的這些面向，一一用簡單詞彙加以描述……從人工智慧的操作來說，你就是在給那件衣物「貼標籤」。再想像一下，如果衣櫥裡幾十件或幾百件大小衣物，都一一照這樣被貼上了標籤，那麼基本上代表你衣物選擇的這衣櫥，應該會被定義出非常大量的標籤。

好了，如果哪天真出現了一個「全知」的「衣物類人工智慧大神」，掌握了市場裡百千萬計的每個消費者，家中衣櫃如斯完整的標籤群，[5]那麼，依照過去幾年間與數據有關的流行想法，這「大神」應該可以精準地預測你接下來什麼時候、花多少錢、在哪裡、買什麼品牌、什麼款式的衣物。你相信嗎？

再怎麼樣厲害的數據技術，就算有前述龐大、關聯性高的數據，基本上很難精確預測出你覺得衣櫥「少了件什麼」、衣櫥裡五年內會再添那些新品。事實上，未來五年市場上會出現哪些流行、驅動什麼樣新品的上市，這個層面便已難以預測。

數據在許多場域裡，無論如何都無法達到近年流傳的若干神話中所指涉的「神算」境界，但數據的確可以提高可類比的重複事件中「猜對」的機率。譬如面向市場的經營，不考慮成本的話，現實上的確可能靠著由合適的大數據、人工智慧等技術內核，「猜得更準」，達成好比「點擊率從0.97%提升到1.12%」、「訪客成交率從6.2%提升到7.5%」的效率改善，從而提高短期業績。這類意義的效率提升，正是數據技術的用處。同時，一方面這需要大量的成本投入（且短期而言常常成本超過效益），另一方面各種面向開放市場的數據技術，效率的提升其實呈現的是邊際效益遞減的常態。

市場上若干聽多後徹底服膺「商業類固醇」的廠商，因為忽略數據技術本身只能稍增經營效率的事實，加以心態上沒能對焦到前述經營效能所指的品牌／客群經營，在投入資源、一定程度援引接軌數據技術之後，發覺現實與想像之間的巨大落差，而灰心茫然。這是很可惜的。

提到數據，這幾年在企業要思考、布局以數據為核心的新作業模式時，從大數據到AI，接踵而來的風潮與炒作，反而在市場上布成濃濃迷霧。所以，讓我們先試著清理出與數據有關的合理視野。

簡單地說，如圖10所示，數據作業可分為「給電腦看的」和「給人看的」這兩類。給電腦看的數據作業，便是前述「應該以數據為核心」的事。

所謂「事在人為」，企業的經營，在長期是由人所打造的諸事所決定。數位時代裡，這「事」的基礎在數據，且主要可粗分為「應該以數據為核心」的事，以及「單憑數據搞不定的事」這兩大類。這是理解圖10中兩類數據能耐的關鍵。

以人工智慧的各種應用為例，其最終目的通常在實現某些任務，乃至簡單決策的自動化，藉以提升營運的效率。無論談工業4.0還是新零售，各種場景中都會遇到大量的營運任務或決策，有明確的邊界與變數，在相對封閉的系統中，要嘛有「標準答案」，要嘛有一定的「遊戲規則」。這時，只要給足了

圖10__兩種數據活兒

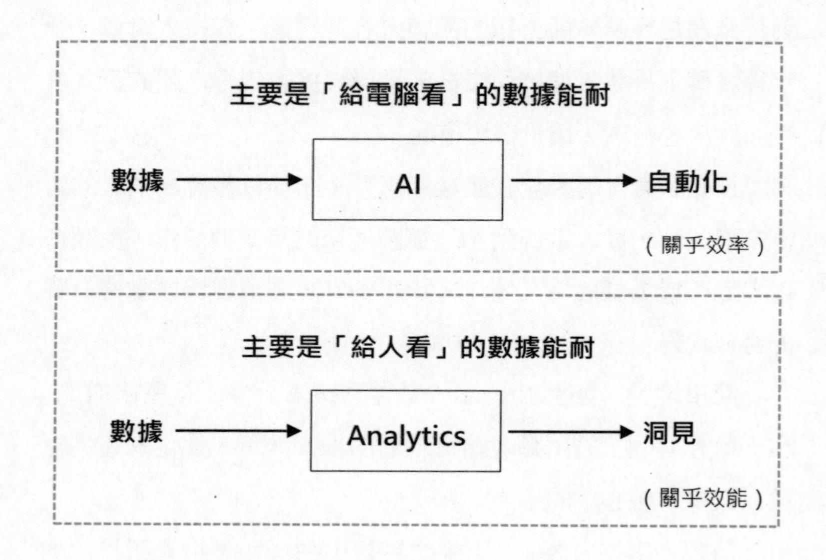

數據與相關答案或規則，通常便可以透過演算法「練」出一套以數據為基礎的功夫，幫助企業提升經營上的效率。這便是圖10中的第一類狀況——這類數據的活兒，指向為提高效率所能施行的各種自動化作業。

但是，企業畢竟不是運行在一個單憑數據與演算法的結合便能搞定的世界。

只要牽涉到「人」這個開放系統，如前面所舉的衣櫃相關討論，「精準預測」云云常只是大話。牽涉到「人」，譬如牽涉到面向市場顧客端的虛實雙生架構，那麼除了若干經營節點可透過數據引導自動化以提升效率（例如數位廣告透過實時競價的程式化投放）外，經營上還有大量的環節，在可預見的未來仍需要管理人員透過行業經驗，結合數據給出的信息，隨機應變地做出決策。這時的數據屬於「給人看的」數據作業。此類作業以分析（analytics）為主軸，目的在於從數據中取得洞見，從而輔助決策，提升決策效能。屬於這些無法自動化環節的事，便是「單憑數據搞不定的事」。

建立了「數據活兒有兩種」的關鍵認知之後，經營者下一步該思考的，則是如何透過將「給電腦看」的數據能耐，鑲嵌到「給人看」的數據能耐中。也就是讓AI適切地被工具化，在以人為主的操作流程中，將能夠自動化的部分都自動化。

這方面近期最明顯的事例是，面向新冠疫情，各藥廠在急迫感中將疫苗開發時間大幅壓縮的嘗試。

無論AZ、莫德納還是嬌生，在2020年西方疫情開始擴散之際，都嘗試將疫苗研發過程中，可以透過人界定出標準答案或規則的環節導入AI，從而加速樣本檢查、基因配對、分子架構模擬等傳統開發上大量而繁複的程序。就這樣，將AI工具化後嵌入開發程序中，讓開發團隊可以比較快、比較省事地「看」出怎樣走得通、哪些嘗試是死路。最終，這幾家開發出的疫苗都被證明有一定的防護力（此即疫苗開發最重視的「效能」）；而這些疫苗的上市期程也比傳統快了很多（此即藉由AI導引出各項自動化下的「效率」）。

如果回到圖10的詮釋，這便是個「讓自動化鑲嵌在洞見產生過程中」的例子。很明顯地，「給電腦看」跟「給人看」的兩種數據能耐，雖然本質與目的都顯著不同，實務上若經營者能如實掌握兩類能耐各別的用處與限制，那麼兩者間便有可能被有意義地結合在一起，從而發揮綜效。

無論是為著效率還是效能，對企業來說，數據相關的功夫，需要跨過數據的蒐集統整、建模演算、解讀與溝通，以及這些項目完成之後的數據應用這幾道門檻。

企業數位轉型很重要的目的，是降低因數位技術發展不到位而被顧客放棄的機率。在這樣的脈絡中，數據扮演著非常關鍵的「替企業長眼」的角色。這種意義的「長眼」，如果論到哪些數據有蒐集價值、應該彙整利用，那麼無論是如前述以效能提升為目的，欲協助人才增加產業知識（domain know-how）而準備的數據，還是以增加效率為主，為了修練AI的基礎而蒐羅的數據，在該不該蒐羅、應不應統整的這類問題上，自然要回到兩方面來判斷：它是不是能幫人看得更清楚，或者讓演算法更有效率。

食品公司的數據應用

數據的應用並非都如媒體報導的各種故事般神奇，甚至是無所不能。至少在可預見的未來，在「強人工智慧」（strong AI）技術還難以問世的時代，經營者能否清楚掌握數據的用處與限制，便很大程度地決定了數據對於企業能產生什麼樣的效益。

食品大廠泰森（Tyson）很清楚地理解到，AI可以比人力更有效地把外型有瑕疵的罐頭挑出來，但再怎麼樣結合AI的厲害機器人，在可預見的未來，面對要把肉雞去骨這件事情，基本上無法像熟練的人工那麼周到、有效率。有了這樣的認知後，泰森的轉型過程便把重點放在擷取過往未曾被系統化、但以現今的數位技術應該可被系統化的知識上。例如，動物應該吃多少最合適、不同的市場中供需如何調配以達到較適的均衡，以及如何確保工安與食安等等。

這些發展方向，很自然地導引泰森透過雲端運算服務（Amazon Web Services，簡稱AWS）及Google提供的雲端化環境，來修練如養牧牲畜與家禽的臉部辨識、透過影像辨識技術明確化不同顧客要求雞隻規格的最適飼養週期等等，真正能發揮AI長處的應用。

表9__關於數據的盤點

	已有數據	尚無數據
組織內的數據	打地基、去除壁壘、建構分析能量、形成數據治理的核心	盤點經營顧客時長眼所需的關鍵數據，排定先後順序之後逐步蒐集建置
組織外的數據	連結外部資源，導引外部數據能量融入企業流程中	雷達幕打開，理解數據的能與不能之後，配合行業經驗與創意，掌握組織外可能攸關的數據資源

這時，企業需要一番盤點的功夫，然後再布局數據的蒐集與統整。如表9所示，這樣的盤點合適照顧到兩個維度：一是數據的來源能涵蓋自有及組織外的兩大類，二是數據應包括已經掌握的及尚未到手但應該掌握的兩大類。

發展數據到什麼程度？

數據的蒐集統整、建模演算、解讀與溝通，以及應用，都耗費各種企業資源。總的看，企業的數據發展可從成本效益的角度加以分析。

經驗上，不曾透過數據優化各項營運的企業，一旦進入數據分析階段（前提是組織內部需先完成一定程度的數據串接與清整），常會驚喜地發現數據果真能幫企業「看」到許多過去「沒看到」的面向，因而短時間內就取得不小的改善成效。但隨著數據分析愈來愈精緻化與深化，所增加的效益往往次第減少，而有「邊際效益遞減」的現象。這裡所謂的效益，涵蓋數據資源投入之後可能發生的經營洞見增加、顧客體驗提升、行銷活動目標達成精準度進步等等可能。

以圖11來說，數據建模演算從無到有的過程，如圖11中由原點開始，（在橫軸上）僅投入有限的資源X_a，就能（在縱軸上）產生頗為可觀的效益$\overline{0A}$。相對地，如果在數據建模演算方面已經投入了X_c的資源，此時再增加與$\overline{0X_a}$齊量的資源，使得資源總投入到達X_d（$\overline{0X_a} = \overline{X_cX_d}$），面對同一情境的同一任務，產生的額外效益僅有相對微少的$\overline{CD}$。

在這樣的詮釋下，自然會有個問題出現：如果面對同一情境、同一任務的數據分析，真的呈現上述的報酬遞減現象的話，那麼是不是存在一個最適的數據資源投入點（例如圖11中的X_b），還沒達到該點前應該加大力度投入，一旦到達該點就不宜多在數據資源上增加投入了呢？

圖11_針對同一課題進行數據分析的邊際報酬遞減

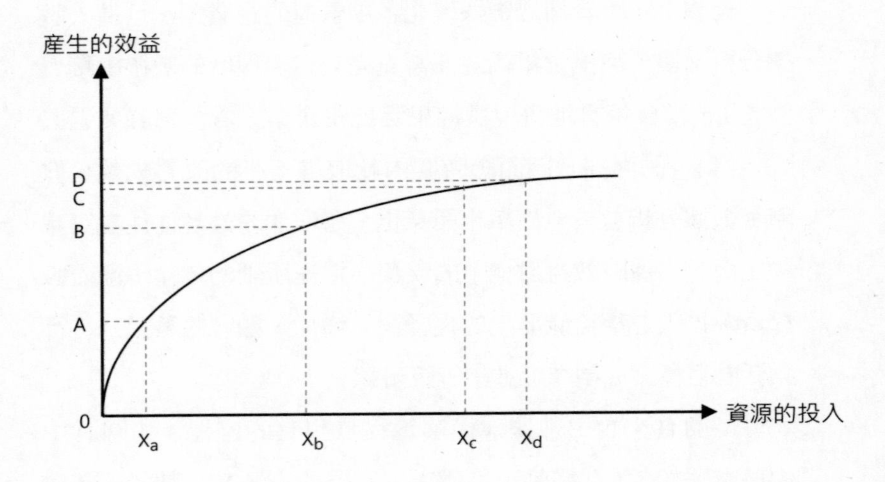

這是個很有趣的問題。如果企業確定數據資源就只拿來應對固定情境下的特定任務，那麼在圖11的框架之下，加上成本面的考量，的確可能得出一個在個體經濟學上「邊際效益＝邊際成本」的「最適數據資源投入」點（我們姑且假設為圖11中的X_b點）。

如果是這樣，那麼企業若想要在該情境或任務中，透過數據修練取得超過圖11上B點的效益，在現今的環境中，比較可能的方式是往外連結，找到該任務的合適「助拳人」，也就是接軌第三方針對該任務已建置妥當的服務，不靠自己單幹。

這裡所謂的第三方服務，因為專營特定數據任務（譬如雲端運算平台的建置、數位廣告的投放、虛實整合服務的系統開發、語音機器人的建置等等），已集中火力投入了超過X_d的資源，可以協助有該任務需要的客戶，透過有限的付費將效益提升到D以上。此時，企業衡量成本效益，尋求這樣的外援，而不必每件事都如英語所謂的「重新發明輪子」（reinventing the wheel，即「多此一舉」的意思）。

但在若干其他的情境或任務中，經營者仍可能選擇在數據資源方面，有超過前述X_b點所表示的「最適」水準的投入。這方面最可能的狀況有二，且彼此並不互斥，常常同時發生。其一是如果競爭者在該情境或任務上大致都做到圖11中縱軸B點的效益水平，再加以市場上恰恰找不到該情境或任務的合適「助拳人」。此時若經營者相信只要能達到C或D點的效益水平，便可以在長期因為競爭對手追趕乏力而築成競爭的「護城河」……這時，放眼長線的企業確有可能這麼做。其二，如果經營者意識到所投入的數據資源，事實上將可以展延、應用到將涉獵的其他情境或任務，因此就算要達到C或D點的效益水平需要龐大的投資，但因為成本可以分攤，所以衡量長期的成本與效益，仍值得去做。

譬如網飛（Netflix）對其推薦系統的不斷精進、美國星巴克數位轉型過程中對於用戶到店前訂餐支付系統（Order and Pay）的修練，如果以短期的成本效益看，怎麼樣都不划算。但它們一方面放眼長線，一方面意識到數據功力可以幫忙開疆闢土，因此便以長期投資的角度，透過數據精煉體驗，逐漸打造起所營市場相關場景裡的「護城河」。

數據與領導

在企業裡，實際驅動數據科技發展的是領導與管理。這方面，實務上採內部自行建置數位工具之途的企業，首重領導的確立。相關領導團隊理應對於資源配置有一定的決定權，能夠指揮協調跨部門的對話，對於企業內部流程有一定的掌握，且應能代表企業與必要的外包合作第三方洽談。這在大型企業，通常靠最高階層的團隊合作去化解，並且上行下效地實現一體轉型的規劃。舉例而言，星巴克在數位轉型過程中，初始便結合執行長（CEO）、數位長（CDO）與資訊長（CIO），成立數位化戰略領導小組，從策略層面考量轉型之需，制定新政策。再如玉山銀行的數位發展與轉型，同樣結合科技、資訊、數位金融等單位，統籌組成所謂的「科技聯隊」，以專案的型態厚植數據相關的修練。

至於在資源較有限的中小型企業，實際上最有可能且相對合適扮演這方面統領角色的，可能不是資深的經營者，而是企業的接班世代。接班世代通常有一定程度的專業知識學習能力，對於數位環境較為有感。

先求有，還是該求好？

如圖11所詮釋的，企業若初接軌數據分析，在從無到有的過程中，常會經歷從「盲」的世界忽然「長眼」的豁然開朗之感（即$\overline{0A}$段）。透過有限的數據、少許的分析投資，就能取得攸關而過往沒法取得的效益。

因此，就數據的分析而言，只要有數據，就算是用最普通的Excel試算表，進行簡單的樞紐分析，都可以幫沒有「長眼」的企業，取得寶貴的「視力」。排除障礙邁出第一步，就有限的數據動手去分析，然後「有一才有二、有二才見三」，是自然的發展過程。這麼說來，數據分析這檔事，「先求有，再求好」這樣的通俗理路，並不是沒道理。

但是，如果著眼的不是就著現成的數據馬上去啟動分析這一類相對單純的任務，而是打算去系統化數據的蒐集統整、分析建模、解讀與溝通等作業環節，可能就會有不同的結論了。

在軟體開發的情境中，技術負債（tech debt）指的是開發過程中為了求快以抄捷徑的心態，用次佳但最快的方法完成時，所節省下來的時間、人力、物力，其實像欠了筆債般，等到未來撐不住而需妥善整改時，卻常需要「加倍奉還」先前急就章所省下的工夫。這就好像蓋房子時為了省事圖快，地基少挖幾呎，灌漿後板模不待該有的乾燥時程就拆，室內防水也不照規矩處理，那麼這房子完工快則快矣，未來的住戶勢必遇到各種麻煩，修不勝修。真要徹底處理，可能還得先花費巨資拆屋，從地基重新打起。

從長期的角度來看，「先求有」這回事，除了技術層面會產生前述的「技術負債」之外，更麻煩的是，若競爭者已能提出相對較好的虛實整合顧客體驗，那麼除非「先求有」者在既有產品或服務上真有顯著差異化的優勢，不然客群很自然地會被慢慢蠶食。

因此，若抱持「先求有，再求好」的通俗心態，去進行數據相關技術的開發與系統建置，未必是最合理的規劃。相對合理的應是，檢視組織的資源限制後，藉由內部發展、結盟、外包、學習性併購等可能性，從長期的角度去求好。這樣的脈絡可分為兩個方面：其一，長期來說是核心競爭力所在的數據能耐，就該一步步耐心去發展。其二，如果不是企業長期發展核心競爭力所在的數據能耐，而別人可以做得更好更全更快，那麼就該試著連結各方資源，加速合理的數據建置。

數據治理讓數據創造價值

在高度數位化的工商場景中，數據已被公認為是除了資本、土地、原料、人才以外的另一種資產型態。愈來愈多的經營者認知到，「數據資產」（data capital）在有著雲端化、即時處理、小核心大周邊、微服務驅動等特色的數據環境中，已經毫無懸念地成為支持企業在競爭環境中永續發展的關鍵資產之一。數據由企業面向顧客及面向生產供應的各種營運行動產生；在多方連結、演算法加持的經營過程中，如果管理適切，還會見到「數據資產」具備著自我擴充、累積的動能。作為一種資產，數據還有著可共享、可多重使用、使用後不會耗竭的特性。

隨著數據的爆炸性成長，伴隨以人工智慧技術的日新月異，我們可以想像工商場景中一個早晚會發生的「階段性終局」：因為經濟面的效率考量，各種商業模式中只要能夠受數據導引而自動化的流程節點，屆時都會由人工智慧取代今日的人力判斷與操控。到時，各領域內從事近乎同質競爭的企業，效率較低者，不免因競爭力的劣勢而逐漸面臨淘汰。面對這「階段性終局」，合適「以終為始」地去放長線看待、規劃數據在企業裡的發展。

此時，首需盤點既有流程中可被數位化、人工智慧化、機器人化的環節；而後隨著對技術發展的理解與掌握，逐步推進各該環節的數位化、人工智慧化、機器人化。至於在某些可全盤數據化且以效率為尚的場域裡，這樣的盤點可能便指向類似無人工廠、關燈工廠之類的發展規劃。

在這種種可能性中，除了數據相關的技術人員外，數據與其他員工的關係究竟是「員工受數據所指使」，還是「數據為員工所用」，是個嚴肅而需要經營者先想清楚的問題。

依照前面的邏輯，如果數據真能有效地指使或替代員工完成任務，那麼從「終局」判斷，這類工作早晚會被數據化、機器人化。所以，經營者應該試著去思考，當能被數據化、機器人化的任務都已經轉型完成了之後，企業裡還剩下哪些任務，還需要企業成員去執行。

這方面的規劃與布局，便合適「以終為始」地從階段性終局去反推、籌謀。

對多數企業來說，在可想像的階段性終局裡，仍會有大量的流程節點，需要人的涉入。那麼這樣的企業，應開始對未來員工的質與量，以及大量數據化後流程中員工所扮演的角色，漸次籌謀，讓數據為員工所用。此外，企業結合行業經驗與數據而摸索出新商業模式，從而產生新流程，這時也需要從頭拿捏人與數據的相對配置。

根據上述「以終為始」的想定，循著「不斷再合理化」主軸線進行數位轉型的企業，推展到一定程度之後，便會面對「數據治理」（data governance）這個較新的課題。

數據治理針對數據做為企業中重要資產的角色，從整個企業的角度，企圖統整這類驅動各項業務運行乃至創新的資產；而在相關的數據架構、數據工具、數據模型、數據政策、數據品質、數據流程與組織分工等方面，能有適當的規劃與配置，以便在實際的業務上確保可供應用數據的完整性、一致性、合規性、正確性、即時性、安全性、保密性。延續我們在前節的討論，各種可以透過數據去執行的戰術決策自動化調校，以及有賴專業經驗與數據結合以輔佐進行的策略決策，要降低組織內各部門不必要的搜尋與重複清整成本，長期要發揮助益經營之功，都有賴綜管企業全局的數據治理。

這麼看的話，數據治理便遠遠不只是企業裡IT部門與數據科學家的事，更關係到各業務部門是否真能以數據為燃料、為資產，在妥善的流程設計與規範下，即時合理地運用數據，創造價值。

這時特別需要釐清的，就是在各種應用場景中「數據擁有者」（data owner）是誰？

既然數據治理是為了增益各項業務的價值創造，那麼自當以誰對於該業務的數據有最清楚的理解、能驅動發揮最大的效益，設定其為數據擁有者。如果是面向顧客的業務，那麼「顧客擁有者」自然便應是顧客直接相關數據的擁有者；如果是屬於生產供應端的業務，則「流程擁有者」便相對合適為相關數據的擁有者。這能讓不斷再合理化經營脈絡中，形成合理而明確的「問責」（accountability）機制。

據此，數據治理實是數位轉型過程中，對多數企業而言相對陌生但又至為關鍵的環節。欲讓涵蓋廣及整個組織的數據治理得以成功，有賴形成著眼於運用數據資本以創造最大長期價值、透過數據輔佐營運不斷再合理化的「數據文化」，能與企業文化相互協調融合，共同進化。作為數據治理目標的流程、組織結構、業務應用的精進，很明顯地便屬於經營者在領導與管理上需統籌的責任。

此外，數據在企業現實運作的實務中，常見「高期待」、

「低資源投入」、「數據擁有者不明」等等的不足。首先，經營者是否能明確地領導組織，在環境變遷中清楚認知「組織要往哪兒去」的使命定義，然後依循要前往的方向，對於相應的軟硬體與人才加以盤點，持續有耐心地投資不足處，是項考驗。其次，經營者在各種華麗的簡報之外，有沒有辦法掌握企業的數據資產現況，有沒有辦法認識到數據的能與不能，有沒有辦法衡酌企業的短、中、長期發展中數據資產實際規劃與布局的合理性，更關係到長期而言，企業在「不斷再合理化」這發展軸線上是否有相對厚實的基底。

2021年，安侯建業（KPMG）曾針對全球各產業的大型企業，進行與組織內AI發展有關的調查。[6]在該份調查中，有一個題目是：AI到底有沒有在受訪企業裡發揮預期的效益？這些企業中，有高達78%的高階主管對此題給出正面回答；但他們轄下直接負責AI相關發展的經理人中，卻只有五成的回答是正面的。

這結果所顯現出不同層級對「現實」理解的顯著差距，非常值得經營者警惕。

企業數位轉型是項沒有終點的挑戰，但其本質可以簡單收斂為：數據科技在企業營業範疇中，與時俱進的發展與應用。而數據治理，因此便在企業今後的長期經營企圖中至為關鍵。

從剛剛的討論中，我們看到「人」在數據治理實務上的吃重角色。這裡的「人」，牽涉到組織的文化、組織的架構、組織的人才……但統領這一切的，是組織的經營者。一代人有一代事，無論企業的規模及治理的型態，資深世代的經營者擁有豐富的經驗，從而掌握競局中若干規律；至於年輕一代，則對於數據科技的發展與應用認知較深、隔閡較少。

數據治理所強調的問責、所依託的組織內合理程序與規範，以及所指向的價值創造可能，需要長年累積的經驗，乃至來自經驗的膽識與創意去實現。而實現的過程又需要能接軌當下數據科技脈動的領導人，去驅動企業適應數位新局，讓企業在下個階段中能持續成長。

此外，數據治理的核心是，企業裡漸進累積起的「以數據反映出事實為決策基礎」的文化。

數據治理隱含著諸如此類環繞人而聚焦於領導的課題，放在本書「不斷再合理化」的脈絡中看待，便直接牽涉到我們接下來所將討論的、時間跨幅更大的議題，那就是企業的傳承。

第五章

企業傳承的準備與實踐

在本章，我們將把企業傳承，看做是經營者試圖打破自身生理年壽限制，而把自己所要「照護」企業的這段期間，放在企業生命的尺度上去思考。從這個角度，討論企業傳承的內容與形式。

企業無論關注何等「事」，到頭來成敗終在於「人」。尤其如果把時間的尺度拉長看，企業的大事，無論是數位轉型、數位轉型基礎的數據，還是數據的當代課題——數據治理，因為思考、籌謀、漸進施行的時間拉得很長，在「人」的方面便很難不碰觸傳承一事。

在此我們建議經營者，在長期的框架下，理解「一代人理一代事」。如此一來，企業的傳承，自然也就是不同世代在延續「做對的事」的心志下，驅動企業跨世代「不斷再合理化」發展的課題。

據此，無論是家族或非家族性企業，我們都將提醒經營者：看待傳承，除了技術層面的設計之外，也要思考其在「不斷再合理化」脈絡中的內容與形式。

最適化的三個層次

理性計算、考量的合理化經營，是自由競爭市場裡資本累積與企業發展的基本邏輯。

在商品經濟相對發達，不少人說是「中國資本主義萌芽階段」的明清時期，就有許多集行商經驗之大成的「商普書籍」，發行流傳於大眾市場中。這些談「計然之術」的書，要義都環繞著當時市場環境中的合理化經營。其中，如晚明的《客商規鑒論》所述「買賣雖屬議論，主意實由自心。如販糧食，要緊天時。既走江湖，須知豐歉」，觸及了經營上主觀意志與對客觀環境密切掌握的必要；而「貨有盛衰，價無常例」之說，則是對於市場供需變化的經驗之談。到了清朝，廣為當時商賈熟讀的《生意世事初階》[1]裡頭提及的「寧做一去百來之生意，不做一去不來之生意也」，用今天的話詮釋，就是圍繞著顧客思考的長線經營觀。

回顧早年台灣知名企業的崛起，在在也都看得到不同面向的合理化經營軌跡。譬如吳修齊在台南民權路上的新和興布行，在戰後的亂世中不惜花大錢買短波收音機，第一手即時掌握當時上海市場的商品行情。配合以當時據說夜間燈火通明，全行上下一日工作十六小時的蓬勃創業精神，在布市中站穩了腳跟。憑藉著掌握環境脈動、勤於計算、敏捷決策、勇於行動、不迷信學歷的文化，「台南幫」在1950年代到1980年代間，以清楚劃分所有權與經營權的「總經理制」，於各個事業領域中開枝散葉，讓整個集團在1980年代名列台灣十大企業集團之中。

又如三陽工業，早年在全台各地經銷服務體系中，打造了不同於傳統機車行油汙昏暗的明亮清潔環境，提供騎士各種簡單的免費機車維修服務。有趣的是，這樣的「差異化」經營，靈感的源頭竟是台北行天宮。據說三陽工業的創辦人黃繼俊，經過行天宮時觀察到它提供免費香火、免費收驚服務，以及不在香爐邊設香油錢捐獻箱、只供鮮花素果不准供拜大魚大肉等等特色，讓信徒無論何時、何事，都能自在地進入行天宮參拜。觸類旁通之下，黃繼俊便以「行天宮模式」為範，比其他機車業者更合理地去經營經銷維修體系。

事後看來，這些企業在當時，都做了旁人未必意識到的合理的事。而在快速變化的市場競爭環境中，企業的合理化經營邏輯還需要從動態的觀點來考慮。這時需要思考的是，如何透過「不斷再合理化」的經營，在時光的淘洗淬鍊中存活壯大。

以大家都熟悉的集團化食品相關市場為例，黃烈火自1950年代以花生粕提煉味精起家，創辦味全。不久後味全開始經營乳業，此後長期成為台灣市場中的第一牛乳品牌。味全在食品事業的投入，比統一集團早了十多年。統一跨足消費端食品市場後，於1980年代認清了通路經營的重要，之後便積極經營便利商店事業。緊抓著這個方向，統一容許當時的新一代經理人（徐重仁）經歷七年虧損後，建立起達到經濟規模的連鎖便利商店體系，之後才開始各種如收取上架費等等的收割與盈利。同一時期的味全，在嚴密的產品事業部組織設計壁壘下，雖然同樣意識到通路的重要，也曾大規模投資通路的經營，但因為方向發散，樣樣碰（如早年的青年商店、松青超市、安賓便利店等）而樣樣不精，主要還是憑藉長年倚賴的直營營業所去連結傳統雜貨店通路。1990年代台灣消費樣態丕變，幾年間雜貨店被便利商店大幅取代、邊緣化，曾是市場先行者的味全於是面臨到競爭的劣勢。

變動得愈快速的環境，愈需要經營者有著不斷再合理化的經營心態。做為台灣便利商店競局中挑戰者的全家便利商店，透過對於不同市場中零售業樣態變化的掌握，2006年明確提出「3N策略」（New Area、New Format、New Business），並隨著行動通訊普及，率先進行各種虛實整合零售經營嘗試，在不斷再合理化經營脈絡下具體實踐3N策略。

企業透過調適與改變，如下頁圖12所示，有三種不同層次的最適化可能。

第一種層次最常見，就是在既有模式下，進行功能別、業務別的最適化。但這種型態的最適化所能達到的，就整個組織來說，只是局部（local）而非整體（global）的資源配置。

在數位轉型的過程中，企業需要跳脫這種局部最適化的窠臼，朝整個組織的最適化去努力。這時，必然就需要跨部門、

圖12＿企業追求最適化的三種層次

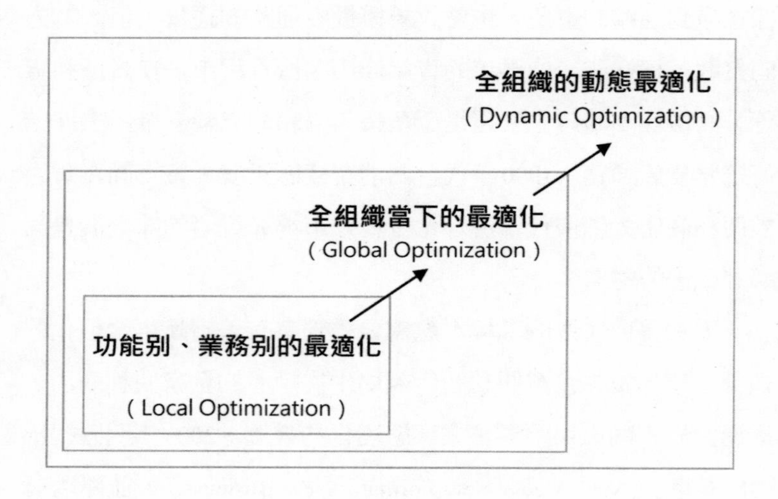

跨業務別地牽動到組織結構與績效獎勵等等管理層面的核心議題。這樣面向當下的全組織最適化，是三層次中的第二層。

而就算今天全企業已幾近最適狀況，並無法確保現況到了明天的新局中，還能處於最適狀況。因此，真正具備韌性的企業，長時間所進行的是不斷自我更新的動態最適化。這種把時間軸納入，以全組織的不斷再合理化（如第一章圖4所示）為旨的與時俱進，是企業的第三種最適化層次。

就這三個層次來說，功能別的管理層次最適化，主要與

「事」的不斷再合理化有關。到了第二層次的全組織最適化，實踐上勢必要考量誰來領導、誰來統合、誰來配合等，在在都是與「人」相關的問題。在跨國顧問公司近年歷次對於企業進行數位轉型的調查中，屢屢發現最大的障礙其實不在數位技術，而在領導與企業文化這類比較抽象，但在組織裡很容易變成轉型變革關鍵助力或阻力的因素。如果不拘於一時而放眼長期的發展，那麼很明顯的，第三層所指的「動態最適化」有沒有辦法實現，關鍵在於組織裡圍繞著「人」的領導與文化。

談及領導與組織文化，這擔子自然就直接落在企業經營者身上。

企業的組織文化是經營者意志的延伸。所以，要調整企業內部的組織文化，前提是經營者首先要能看清市場上遊戲規則與過往的不同，對於事情的輕重緩急、人事的績效獎酬等等，進行合理的更新與設定。若經營者本身的認知能與時代接軌，加上順著人性、順著員工利益的重新梳理，風行草偃之下，企業文化自然較易見到趨同的質變。

在當代的台灣，許多企業的數位轉型過程與其經營者傳承息息相關。很現實的問題是：如果掌舵者是老一輩的企業經營者，那麼對於新遊戲規則的掌握是否足夠？交棒前所剩有限的時間裡，是否有足夠的心力統領大大小小的必要改變？如果是由剛接手的第二代經營者掌舵，那麼接手後必須立功以立威的壓力，是否會擠壓到短期難產生「戰功」的企業體質調整耐心？千頭萬緒之際，是否有餘力從長遠的考量，調派充分資源去久久蹲馬步？

這麼看來，作為當今企業重要課題的數位轉型，對於個別企業來說，常常需要嵌到時間跨幅更大的企業傳承層次上來看待。既然數位轉型是一個需要多年累積、牽涉組織文化、事實上沒有終點的歷程，那麼它便是企業傳承中交棒經營者與接棒經營者需要有所共識，在不同階段、不同領域協力領導、帶動的經營課題。

萊雅的不斷再合理化

世界最大的化妝品企業萊雅（L'Oreal）集團，如今擁有四大事業體（超過500個品牌、9萬名員工），而在2020年有近300億歐元的年營業額規模。[2]它的發展過程，是一個不斷再合理化及不斷再創業的過程。

萊雅公司由尤金．舒萊爾（Eugene Schueller）於1906年創立，第一個產品是無毒染髮劑，隨後才把產品逐步擴展到洗髮產品、防曬產品等相關的品類。1953年，萊雅已有超過1,000名員工，並且走向國際市場。在1957年舒萊爾過世之前，他已經長久為企業的合理化進行布局。舒萊爾曾說：「將軍的兒子不見得一定是將軍；用老爺的心態當老闆，最終將葬送一間企業。」[3]因此，他雖然讓女兒莉莉亞娜．貝當古（Liliane Bettencourt）作為唯一繼承人，卻將公司經營權交給專業經理人弗朗索瓦．達勒（François Dalle）。

舒萊爾過世之後，萊雅在這樣的傳承設計下，開始進行新一階段的發展，包括收購化妝品公司蘭蔻、卡尼爾等護髮產品公司，與雀巢等大型企業合作，並且在1963年於巴黎上市。除了不斷擴展公司產品、走向國際市場，萊雅非常重視研發創新，每年投入集團營業額3%作為研發基金，擁有超過2,000位以上的科研人員，確保其在業界的龍頭地位。

從這個發展軌跡中可以看到，萊雅找到第二代跟專業經理人的合作模式，透過研發能量來保持產品的轉型跟領先，也因此能夠快速回應市場的需求及變化，是一個不斷再合理化的例子。更不容易的是，隨著萊雅事業的成功及規模不斷擴大，該集團能持續保有創新創業的精神。而後續接班的專業經理人，透過如收購植村秀、代理喬治．亞曼尼（Giorgio Armani）等品牌而進入化妝品和香水領域，讓集團因此發展出涵蓋美妝、消費用品、專業沙龍美髮及專業醫學美容的四大事業體。

隨著數位時代來臨，萊雅在2010年即宣布進入「數位元年」。配合數位科技的應用，在組織、人事上相應地進行轉型。以台灣市場為例，由於數位力的發揮、OMO等作為的啟動，在新冠疫情期間的2020年，還能創造出6%的逆勢成長。

企業傳承的過程

企業創辦者的心志與風格，雖受到產業與時代特性影響，但更多與其成長背景及人格特質等個人秉性有關。創辦者或創辦團隊的心志與風格，常常型塑企業的文化，導引企業人才晉用升遷的標準，界定制度與規範的基調，影響企業策略決斷時輕重緩急的標準。以下，讓我們看幾個例子。

1946年日本敗戰後百廢待舉之際，當時38歲的井深大與25歲的盛田昭夫，聯合創辦了東京通信工業公司。1958年，公司由東京通信工業改名為Sony。早稻田大學工學士出身的井深大，就著工程師的熱情創辦公司，希望Sony可以成為「工程師的樂園」，讓工程師能在安全的環境中突破框架，盡情創造。在這樣的氣氛中，Sony的工程師們在日本最早推出第一部電晶體收音機、第一部磁帶錄音機，之後更有特麗霓虹（Trinitron）映像管、隨身聽（Walkman）、PlayStation遊戲機等等獨步全球的產品橫空出世。

玉山銀行創行之際，出身自華南銀行副總經理的創辦人黃永仁，在文化上強調要做清新的、專業的、最好的銀行，希望打造出「銀行家的銀行」。因此，創始之初便以「建立制度、培育人才、發展資訊」作為立業的三大支柱。基於對文化的重視與制度的強調，玉山自創行之際便嚴選創始大股東，並在當時「銀行是公器」的理念下，不讓單一股東持股比例過高。在台灣銀行業的競爭中，這家沒有官方、財團、家族色彩的銀行，自始便試著走出一條和他人不同的路；在以提供最好服務給顧客的前提下，不斷嘗試創新。舉凡顧客開戶當天領取金融卡、開放式網路銀行服務、WAP行動銀行、晶片金融卡Web ATM即時支付、兩岸跨境支付、手機上快速申請信用卡或信用貸款等等，今日在市場中已慣見的這些服務，最早都由玉山銀行首創，而後才逐漸成為台灣銀行界的常態。

1950年代幾位創始人合資創辦於三重的東元電機，從差異化（如防水材料）的馬達起家。1959年的八七水災，讓市場上理解到東元馬達在防水方面的確實優勢，而有了「東元就是馬達，馬達就是東元」的印象。東元自創業之初，便啟動若干未言明的傳統，譬如所有權與經營權分離，譬如前三任董事長及總經理彼此間沒有親戚關係，譬如人事晉用升遷都由考試決定。因為這樣的公平人事傳統，在很長的一段時間裡，造就了東元員工的低流動率與高向心力。

和和機械董事長林志遠，成大機械系畢業，第一份工作是在一家瑞典商在台貿易公司擔任銷售工作。從市場中嗅到商機的林志遠，1979年辭去外商副總頭銜，在台中北屯租來的鐵皮屋創業，創立台灣第一家圓鋸機廠。因為早年的外商工作實務接觸，深刻理解到品牌對於企業長期於市場立足的重要，讓他打定主意，公司出廠的機械一定要冠上自己的品牌。所以從創業之初的產品開始，都以自有品牌SOCO銷售。對林志遠來說，B2B的品牌經營，對於品牌經營者、顧客乃至供應商，長期而言都是很重要的「精神支柱」，是關鍵的資產。為了累積這關鍵資產，經營者需要能不受誘惑、不畏麻煩，勇於投資。為了時時擦亮B2B品牌，所以需要不時耗費龐大地出國參展。也因為每台出廠的機器上掛著SOCO字樣，所以和和機械為全球代理商立下嚴格的要求，譬如代理商必須呈報購買機器的顧客背景。在這樣的堅持下，和和機械成為台灣眾多「隱形冠軍」企業之一。這家與許多中部機械業者一樣從鐵皮屋創業的企業，目前是亞洲最大的圓鋸機與彎管機具製造商。

這些企業的創辦者，在創業之際都掌握到環境中行業事象的本質與機會，有不同於同業做法的「出格」膽識，而打下一片天，同時界定了企業的長期堅持所在。

創業世代精采揮灑，搏出一番天地，並且打造出企業硬的制度、軟的文化基礎之後，接下來呢？

讓我們先退回到比較長的時間尺度，從比較全局的、歷史的視野，來思量這「接下來呢」的問題。

在時間的軸線上，企業家與新企業的出現，並非均勻分布，而是不規律地出現。新的「局」（經濟、技術、人口）造就新創沃土，而新創間彼此有連結性、生態化發展。依照約瑟夫・熊彼得（Joseph A. Schumpeter）的詮釋，經濟發展的過程中，有意義創新乃至創業的相關實踐，一方面相對稀少，另一方面其實都落在人性與組織例常習慣的軌道之外。種種創新或有創新意義的創業，等到慢慢被市場熟悉、內化之後，很自然地便會成為「上軌道」的「日常事務」。因此，當曾經的創新情境日久成為眾人漸漸習慣的現實後，相對的可控制性提高，不確定性下降，愈來愈可嚴密地加以計算與規劃。這樣態勢下的自然律，是企業裡帶著商業冒險浪漫氣氛的創業精神逐漸退位，而讓專技於各式管控的職業經理人接手。但同一時間，企業還需要面對的另外一面現實，則是產業的固有結構會被新的生產方法、新的商品、新的組織形式、新的供應來源、新的貿易路線和銷售市場等因素而被改變。[4]

這麼理解的話，那麼「接下來呢」的問題，答案很自然地便再度指向「不斷再合理化」。而在這個意義上的「不斷再合理化」，以「人」為體、以「事」為用，直接指向本書的另一個焦點：傳承。

一代人有一代事，如果從比較大的時間跨度去看待企業「不斷再合理化」的發展，很自然地必須正視以「人」為體、以「事」為用的傳承問題。傳承的過程，是個持續「理出頭緒」的過程。交棒者與接棒者，透過從記憶與經驗中促發的對於未來的想像，把要「做對的事」的心念與意志延續下去。

台中精機的三代傳承

1954年，黃奇煌與另外兩位合夥人就在租來的四坪大屋簷空間創辦了台中精機，開始生產牛頭刨床。鐵工學徒出身的黃奇煌，無論之後事業如何壯大，總是數十年如一日地穿著汗衫，在工廠第一線跟著員工一起「摸機器」。

1976年，台中精機創立Victor品牌，開始嘗試自製自銷。1990年，公司股票上市。1998年，在本土金融風暴中，台中精機因為資金操作不當而陷入財務危機，股票下市，經歷紓困、公司重整的艱困階段。在此前後，黃奇煌四個原都在台中精機工作的兒子，因為不同原因而離開家族事業，剩下么子、1980年代在公司負責國內市場行銷的黃明和獨撐大局。

憑藉著長年厚植的技術根基及員工的向心，幾年後台中精機如浴火鳳凰般脫離財務困境。今天台中精機擁有工具機產品、塑膠機產品、精密鑄造、加工鈑噴、精密齒輪、環保等事業群，自我定位為「台灣智慧機械專業製造者」及「工業V4.0整合製造者」。

生性積極、樂觀、忠厚的台中精機創始者黃奇煌，和善對待員工。早年的員工後來辭職在外創業，黃奇煌常給予財務上的支持。幾十年來台中精機與協力廠商之間，除了利益上的協作，也發展出深厚的感情。到了經歷財務風暴、力挽狂瀾的二代經營者黃明和，同樣講究對於人的重視。兩位擁有45年以上經驗的工程師，仍不懈吸收新知，在企業體中受到猶如「國師」般的禮遇對待，還有多名資歷30-40年的老工程師，也在企業裡扮演「導師」的角色。對於一般員工，台中精機也強調留人在於文化，讓員工從工作中取得成就感，相對容易留才。

對於顧客，台中精機則有「精機一甲子，品質一輩子，服務三代情」的許諾。進到台中精機的官網，可以看到

「中古機銷售維修服務」，涵蓋「台中精機品牌之舊機台維新」，訴求經過原廠整修後的中古機台可以延長壽命、精度重現，以提高工作效率與速度，並且以低成本、高獲利，讓價值重現。這是「客戶三代情、服務三代情」的具體實踐。

在大肚山頂、斥資35億元新台幣、佔地一萬七千多坪的台中精機全球營運總部暨智慧工廠，建廠過程中共開了168次相關會議，但掌門人黃明和只與會過一次，整個建廠過程都交由第三代籌謀。

傳承的內容與形式

就「永續」的經營來說，企業必須保有源源不絕的動力跟生命力，來面對環境的快速變遷。而讓企業中年輕、有活力、有新知識、能夠面對新未來的接班經營者，透過合理的傳承過程，接手帶領企業面對未來的挑戰，是企業永續經營理想中非常關鍵的一環。

企業從創業世代交班給次一世代，由於傳遞與承接的兩頭都缺乏交班經驗，組織裡也無先例可循，因此是充滿挑戰的企業發展環節。兩代之間，關係到傳承，在「給」與「不給」、

「放」與「不放」、「做」與「不做」間，即便是直系血親上下兩代，都常見到各種出於人性的隱諱緊張。

創業者從無到有，把幾十年的時間和精力都花在事業上，胼手胝足創出企業的規模，自然會形成「我就是公司，公司就是我」的根深柢固想法。此時傳承的難處之一，便在於前一代要怎樣淡化這個感覺，而在心態上轉成如某名錶品牌在廣告中所說的：「並非真的『擁有』企業，只是曾好好地為後代『照護』它。」[5]

經營者如果是從「照護」而非「擁有」的角度出發，看的是超越自己生理壽命的企業存續，那麼便自然會意識到，無論是家族或非家族型態，企業經營的傳與承，都是一個組織自我更新的過程。它以雙向的善意理解為根基，牽涉到創業精神之火的跨代燃燒，也必然需要在守成與創新間協調。從旁觀的角度將時間拉長，譬如以百年間必然會發生幾度經營者交接棒的尺度來看，一家企業裡經營者的傳承是新陳代謝的自然過程，也是不斷再合理化的契機。

放在不斷再合理化的脈絡來看，「傳」實茲事體大，牽涉到要「傳」些什麼、「傳」給誰、怎麼「傳」，以及何時「傳」。而這些攸關 what、whom、how、when的課題，環環相扣，需要交班者全盤思慮規劃。

傳什麼？

有明白的「交接清單」，或者交接兩端都在意的各種現實面「關係資產」，通常會傳承得很自然，不會有太大的問題。傳承上真正的挑戰，通常存在於比較抽象的層次。

普魯塔克曾敘述過一個古希臘傳說，雅典領導者忒修斯帶領雅典人，在克里特島的米諾斯迷宮中殺死怪物米諾陶洛斯，而後搭一艘30支槳的船回航。在這之後，放在雅典的這艘船，只要被發現船體木頭有朽壞的部分，雅典人便用新木頭換上修補。後來古希臘哲學家便有一個「忒修斯之船」（Ship of Theseus）的問題：這艘船體長年被更替修補的船，多年之後，可以被視為仍是那艘忒修斯的船嗎？如果是，其實船體材料都已經換過了。如果不是，那麼要從什麼時候開始算不是的呢？

「忒修斯之船」辯證，很值得交棒者在傳承之際思考。

企業組織的「自傳性記憶」（autobiographical memory），由帶領企業從無到有的創始者定調、烙印在企業成員的共同認知與記憶裡，型塑組織的價值觀，無形中決定事象的可欲與否，從而引導企業組織的決策與行為。從長期經營的不斷再合理化脈絡來看，交棒者理應認識到無形影響雖看不見但影響深遠，而思考「傳什麼」及「怎麼傳」。至於後續的經營者，認識理解這些無形但影響深遠的資產，扮演著管理傳統、豐富既有文化的角色。創始世代奠下基礎的無形影響，對於接棒經營者時或成為限制，但更多時候可能是可供發揮槓桿作用的資產。

在此過程中，接棒者一方面對於交棒者懷抱真誠敬意，同時也需要對於企業過往的成功，根據自己用功理出的頭緒，有可以繼續傳下去意義的詮釋。創辦世代的幸運、才智、個人特質，值得記錄流傳；但詮釋中更應該在這些個人功績之外，清楚界定企業先前的路徑與成功，是在什麼樣的環境裡，因為企業做對了哪些事而能實際達到。透過這持續「理出頭緒」的過程，從記憶與經驗中促發對於未來的想像，從而把要「做對的事」的心念與意志傳承下去。

依循這樣的理路，對於經營歷史並不算長的多數台灣企業來說，這個階段談企業的傳承常指涉創始世代交棒給第二代的過程。除了看得見的交接項目外，在這個關鍵節點上，傳承些什麼「看不見」的東西，影響可能更為深遠。

傳給誰？

在家族企業，除非接棒世代無人打算更動經營權體制，不然「傳給誰」多數時候不太是個問題。若有問題，也比較傾向「雍正王朝」那類屬於巷議街談的問題。但在非家族性的企業，「傳給誰」就牽涉到「接班人計畫」乃至公司治理了。

從企業長期經營的角度來說，每個關鍵的職位都應該設有接班人計畫，依照所需的資歷，就企業人力庫中篩出合適人選，作為候選人。候選人應被告知企業的相關規劃，以有心理準備。而企業的治理階層也應該充分掌握接班人計畫的架構，並且透過如「公司治理暨提名委員會」的設計，參與最高階主管的遴選。尤其如果接班人選是企業的外部人，那麼治理階層便需更審慎地盡到搜尋與把關的責任。

管理大師彼得．杜拉克（Peter F. Drucker）在1970年代的大學「管理流程」課堂上，曾跟參與者討論過一個接班人選擇題。[6]故事是這樣的：一家公司總裁年紀漸長，開始思考接班問題。公司裡有兩位傑出的副總裁，彼此年紀接近。他開始加重兩位副手的責任，同時觀察兩人承接任務後的行事風格。第一位承接任務總能圓滿達標，且除了絕對必要狀況外，基本上不去打攪總裁。第二位在接到任務後，總是定期求見總裁，討論正在進行的計畫，持續尋求意見。在兩人最後都能完成任務的情況下，課堂裡多數學生從「事」的角度認為，能獨立行事的第一位是比較合適的接任者。但杜拉克告訴學生，這現實案例中的總裁，從「人」的角度判斷，最後挑選的是第二位。即使一時間把「事」都做對，但經營上面對更本質性的是「人」。「人」的合致，讓政策與傳統較能延續，成為企業裡各項「事」的應對基礎。

對於經營者的接棒，不同企業或有明文規範選任條件，或依循無形的傳統與默契。但如過去奇異集團（GE）曾採取「現任者先選定一群候選人並告知，而後透過各種考評機制決定下一任執行長」的作法，導致未被選上者通常便選擇離開，長期而言便不是合理的作法。

企業傳承應該是個培育人才的過程，不應因機制設計而成為驅逐人才的過程。

怎麼傳？

交棒與接棒不是發生在交接日當天的一個事件，而是從助跑、順利握到棒、調速在跑道上續跑的持續嘗試「理出頭緒」（sense making）的過程。這個過程多少也考驗交棒與接棒者的權變能耐。

雖然千頭萬緒，但如果有明確的制度輔佐，能讓過程相對少些波折。這裡所謂的明確制度，包括前述的「接班人計畫」，可能涵蓋明確的進修、職位經歷與對企業的熟悉程度等項目。而與制度性計畫相互補的，則是非制度性的「人」所扮演的重要輔佐角色。這方面有諸多的安排可能，包括企業的「老臣」、治理階層的「大老」，乃至企業外無直接利益關係的「顧問」。這方面「人」的安排，條件在於同時受交棒與接棒者信任、熟悉企業運作、以企業長期發展為核心考量、不忌諱直言勸諫等等。如果找得到的話，這類非制度性輔佐者，在傳承過程中或許能扮演非常關鍵的潤滑、校準、提點等角色。

如前所述，放眼長線的傳承過程，還應該同時注意到落選者的「留才」與後續培育。

何時傳？

如果以棒球場上的投手更換來比喻，則談「何時傳」這問題時，和「後援投手何時上場」一樣重要的是「後援投手何時被指定、何時開始在牛棚熱身」。一旦後援投手知道接下來換他，而後或者（如果球隊沒有教練的話）通過先發投手與他進攻半局裡休息區內的交流與默契，或者（如果球隊有教練的話）由教練傳訊給先發與指定後援，只要節奏清楚了，後援投手有適當的熱身時間，那麼後援投手該在哪一局、哪個打席上場最合適，隨著千變萬化的賽況發展，其實沒一定的準兒。

剛剛這些討論都是從交棒者的立場出發所做的考量，但對於尤其是創業世代、自身沒有接棒經驗的企業交棒者來說，對於傳承過程中接棒者應對龐雜困難能有「同情性理解」，其實是非常重要的。

企業接棒者通常希望獲得上一代經營者、企業成員、股東、顧客等方面認同。就算交棒者是至親，因為此前所提及的各項因素，也需要企業接棒者循著人性，慢慢讓交棒者安心。其次，企業成員間對於接班者通常有著各式各樣的期待與心態。企業成員中因各種利益，有些人自然會對接班者抱著看笑話的心態。至於若干對企業忠誠的員工，理解組織裡的一些沉痾，卻又可能對接班者有著如「救世主」般未必實際的期待。這些來自負面與正面期待的壓力，都可能讓接班者感覺自己宛如「冒牌貨」。接班二代在這樣的情況下，雖在企業內工作已久且明確被賦予接班任務，仍會多所躊躇。[7]

再者，股東或客戶這類利害關係人，同樣會對接棒者的能耐有所懷疑，從而擔心企業過往的績效與成長軌跡能否延續。這時，接棒者面臨到另一層「靠功績去證明自己本事」的壓力。此時，接棒者一方面需要整合組織內的新舊勢力，讓既有的各種資源能繼續扶助企業而不斷續；另一方面，還需要交棒者「做球」出來，創造可以揮灑、證明能耐的舞台。但有時

「球太大」，接棒者沒辦法完全承接；尷尬之餘，本要交棒者不定又想回頭插手了。

如果缺乏上述對接班者處境的掌握及相應而生的同理心，那麼傳承過程中便容易遇上各種意料不到的障礙。

此外，我們還想提醒「看長」在傳承上的另一層意義。

根據幾十年來行為經濟學的各種實驗研究，在在驗證了「展望理論」（Prospect Theory）所述，人性會把馬上要發生的事看得很重，而把較久以後才發生的事相對看得輕很多。這用財務的語言去詮釋，就是人性中對於未來的事，普遍在心裡把隱含的「折現率」（discount rate）設定得非常高。也因此，我們對於「下一代」會很在乎，但對於三五代以後的事，通常就不覺得和自己有什麼關係了。

但如果經營者願意以長期的角度看待企業的永續發展，且抱持如前述「並非真的『擁有』企業，只是曾好好地為後代『照護』它」這樣的想法，那麼傳承一事便不只是跟下一代交接而已。

每個企業經營者，都合適從接棒之際就琢磨「忒修斯之船」的問題，把自己所要「照護」企業的這段期間，放在企業生命的尺度上，來思考傳承課題。而可以跨幾代一直傳下去的是文化、是制度、是風範。

家族企業的傳承

比起非家族企業，家族企業的相對複雜性在於經營者現實上常同時擔當企業所有者、企業經營者與家族成員等多種角色。就著傳承的必要來看，交棒經營者通常需要在自己的家族中尋覓接棒經營者，進行傳承。但因為同時牽涉到公、私兩端，比起非家族企業，所需處理因應的面向更是複雜不少。

如果以「小王朝」來比擬家族企業、交接班者都是皇室成員的話，那麼現實世界中的皇室傳承便有些參考的價值。

全世界最受矚目的英國王室，伊莉莎白二世自從1952年其父親喬治六世駕崩繼任王位，至本書出版時在位近七十年。這位21歲生日時公開宣示將奉獻一生於王室服務的女王，[8]即便到了95歲高齡，仍然持續擔負扮演包含政治、外交、社會、家庭等複雜多元的角色。有趣的是，她的長子查爾斯王子，4歲的時候親睹母親的加冕大禮，幾十年間始終扮演著王儲角色，即便年過七十仍然如此。

與伊莉莎白女王藉由王位「奉獻一生」不同的是「生前退位」。

1989年昭和天皇去世後繼位的明仁天皇，2016年宣布將以生前退位的方式交棒。2019年，德仁天皇以「令和」年號正式繼位，結束了為時31年的平成年代。根據一般的理解，明仁之所以生前退位，背後的原因除年事已高的健康因素外，據推測是要在傳位給德仁天皇後，處理再下一代的繼位問題。[9]同樣是近年生前退位的例子，還有比利時的阿爾貝二世（Albert II），這位1951年被立為王儲，1993年即位的國王，於2013年透過電視談話宣告因健康與體力因素退位，並由其子53歲的菲利普王儲繼位。

相對於近代的皇位傳位者因自己「想幹多久」、什麼時候「不想幹了」多少能有自己的主張，而對於「傳」這件事的不同安排；皇室中的繼位者在「承」方面，可能因為自幼即在該框架中成長，鮮少實際發生「不願接位」的狀況。但是在家族企業中，不想接班的二代其實不在少數。

台灣家族企業二代或三代，通常自幼便在「未來要接班」的假設下，在全家特別關注栽培的情境中成長。譬如很多家族企業二代共通的記憶是，包括要在國內還是國外唸書，乃至於上大學時要選什麼科系專攻，大多被安排好而由不得自己做主。有不少二代學成後即在自家企業，接受培養。但當今也有不少家族企業二代，學成後選擇先在外商或非家族經營的大型企業工作。他們在考量是否投身家族企業之際，很自然地會耽慮本身想法在家族企業中能發揮多少、企業內老臣會怎麼看待等問題。此時，選擇任職重視專業能力、可以讓自己發揮所長的外部企業，對於二代而言，效用常會更高。

因為這些「傳」與「承」兩方面的異質選擇與發展，現實上我們看到家族企業傳承的樣態，最粗略地說大致便可分為以下幾種狀況：

一、上一代有交棒計畫，而下一代也有意接棒。

如果交班世代要求，而接班世代也有意願回到家族企業，那麼傳承一事，水到渠成的比例相對高些。此時傳承的挑戰，在於上下兩代間是否能透過順暢的雙向溝通，將企業的策略、文化乃至於戰術層次的資源，節奏清楚地跨代移轉。

二、上一代有交棒意願，但下一代無意接棒。

這時，便有點類似棒球場上先發投手因為各種狀況覺得自己投夠了，想要下場休息了，但牛棚裡卻還沒有中繼投手熱身的窘境。真要遇上這種狀況，當然先發投手無論如何只得「硬撐」下去。但玩球看球的都知道，這種硬撐通常難有好結果。

為了避免這窘境，上一代應該在投球板上意氣還風發之際，就為牛棚籌謀。籌謀的方式，抽象來說是「把餅做大」以便物色到合適的中繼投手，趕快入牛棚熱身。具體做法包括先培養非家族的專業經理人「短中繼」；更長期倚賴專業經理人而從制度上分割經營權與所有權；與下一代深入商議，承諾自己交棒前清理戰場，給出一個下一代覺得可以接受的揮灑空間；透過擴大「家族」的範圍定義，延展「板凳深度」。

三、上一代無具體交棒計畫，但下一代想接班。

在企業乃至有些國家政體中的王室，都不時可以看到這相對尷尬的狀況。現實上，年事已高的上一代可能仍有老驥伏櫪之想，覺得下一代尚未磨練成熟（創業者對於接班人在困難的解決、追求目標的毅力、以有限資源開疆闢土的決心等心志條件存在著懷疑），可能有自古以來普遍的「一代不如一代」的主觀感，也可能因為其他個人或家庭較複雜的考量，而無意有交棒的布局。至於與前面這些因素都互為因果，但更難有解的狀況，尤其在台灣當今的現實中，看到的是創業世代一輩子以企業為業，沒有其他深入的嗜好，以至於「交棒後不知道要做什麼」、「除了公司沒有別的興趣」。

前面提及生前退位的明仁天皇，是個魚類學家，曾在知名學術期刊上發過研究論文。此外，他還具備大提琴演奏的造詣。有這樣的背景，明仁退休後自然不至於無事可做。交棒者有其他事可忙，對於接棒者而言其實是一種福氣。

但如果碰到像伊莉莎白女王這樣動能打獵飆車、靜熟花藝，但仍以職責為念的上一代，那麼接班者只好自己也在漫長等待中另闢蹊徑發展其他志業了。查爾斯王子便長期投身於有興趣的建築、有機農作、宗教等事業，並透過旗下的信託基金協助近百萬人就學或就業。

四、上下兩個世代，都不對另一方在傳承上有所期待。

在這樣的情況下，自然便指向所有權與經營權分離的方向。經營世代此時該做的，是尋覓與培養足堪大任的專業經理人。若對家族猶存責任，那麼現任經營者站在為家族後代盡責的立場上，便應開始理解包括家族憲法、股權設計、股東協議、家族議會，乃至家族股權信託等等的機制設計。

長期研究華人家族企業的香港中文大學范博宏教授，曾對250家華人家族企業在1980年代到2000年代間的接班過程中的股價變化進行實證研究，發現樣本企業交接前五年到交接後三年間，在考量了市場大盤變動狀況進行調整計算後，股價平均累計下跌60%。[10]由此可見，華人文化圈裡家族企業成功傳承的大不易。

一份學術性的大規模西方實證研究曾經指出，[11]家族企業雖然受到有形的制約並不多，但平均而言對於創新的投入，卻比非家族性企業的創新投入顯著地少。理解到這個事實，在權變地管理承接而來的（前述）無形資產之際，家族企業的接棒者，尤其是緊接著創業世代之後所謂的「二代」，便有許多功課要做。

這方面值得參考的，是另一份學術研究的發現。[12]該研究指出，在家族企業傳承的過程裡，不斷強調創業一代豐功偉業創業故事的企業，相對來說反而會降低後續世代的創業精神。而若企業中流傳的故事是以環繞著「家族」為主，則相對能鼓舞後續世代的創業精神。

誠然，創業精神在家族企業長期經營的不斷再合理化過程中至關重要，而接棒經營者若能藉諸各種向外連結，造就「梅迪奇效應」（The Medici Effect），[13]那麼在創業精神的實踐上就較易收事半功倍之效。

十四、五世紀佛羅倫斯顯赫的梅迪奇金融家族，就如中國戰國時期孟嘗君等「四大公子」般，以「養士」著稱。梅迪奇家族當時資助雕刻、科學、哲學、文學、金融、建築領域的人才發展、交流，支持的各方俊彥，在相對安全開放的環境中跨域交流，打破傳統行業範疇的界線，因此碰撞出各項新觀念、新思想，而被視為對於西方歷史上文藝復興時期的開啟，有推波助瀾之功。對企業來說，組織內的職位輪調、工作廣度的擴大、對員工發展斜槓才能的鼓勵，以及組織外各種跨界意義的推廣活動、結盟合作、見習切磋，都是數位發展過程中，灌沃組織創新土壤、創造梅迪奇效應的合理作法。而放到家族企業的傳承上，這樣的梅迪奇效應可能透過各種外部意見的制度性內部化（如顧問制、治理機制理的外部董事）、涉足各種連結性活動（如公會、EMBA，以及即將討論的G2這類社團等連結活動）、觸類旁通的觀看與閱讀等方式去引發。

家族企業結夥打群架——以G2為例

2009年的台北國際工具機展，包括六星機械、慶鴻機電、合濟工業、和和機械及昇岱實業等五家中部精密機械產業的二代經營者，在展場上相遇，並且相約展後回到台中餐敘聯誼。就這樣，從幾名同業二代的聊天中，嗑出台灣最大的二代平台——機械業二代會（G2），由六星機械的黃呈豐出任創會會長。

從創始的幾名會員開始，G2一路透過定期舉行工廠參訪、專題演講、讀書會，甚至親子旅遊等活動，進行分享與學習。時至今日，G2已經發展超過十年，成員人數超過150人，並且正式立案登記為社團法人「台中市機械業二代協進會」，成為台灣最大、最活躍的二代接班組織，持續帶動台灣企業二代族群發展。[14]

G2創立之際正逢金融海嘯過後，台灣景氣受到影響、開始出現「無薪假」這個名詞的年代。當時也是台灣上一代的企業家密集來到六、七十歲的年紀，身心開始進入交棒狀態，下一代紛紛回到家族企業的年代。G2在這樣的環境下，開始抱團取暖，同儕共學，透過正式、非正式的交流，從方方面面切磋應變全球化挑戰、面對未來不確定之際，企業保持競爭力、完善傳承以永續經營之道。

過去十多年間，G2的運作以「平等、開放、透明、互信、合作」為基礎，順利地以一年一棒的方式，讓帶頭的會長持續交接。在透明開放的會長選舉機制之外，所有會員不分大小且平等地參與活動。透過各種交流，G2會員有著為了共好的目的而「打群架」的共識。在信任的基礎上，許多資訊的分享得以展開。例如會員之間，雖然有不少是精密車床或銑床的同業，但指標性公司永進機械卻願意每年至少一次讓G2會員前往參觀，並且分享永進機械內部的改革資訊，彰顯了G2組織「共享」的創會精神。

在這個沒有傳統理監事的協會平台上，會長、幹部及會員之間，差別是模糊的，甚且不少與G2交流的人士、外部組織，也跟G2保持友好交流、相互共學的情誼。在這樣的氣氛下，會員與外界深入交換彼此的專業知識，同時也認識同業異業的產業實況。每年固定舉行的G2 talk，則邀請優秀的會員，關起門來分享自家公司經營的酸甜苦辣，切磋提問經營上遇到的棘手問題。

G2成員互助信任的基礎，恰好反映了中部機械產業多年來原有互相協力、分工合作的傳統。十多年間，G2發展風格鑲嵌在產業的大傳統中，成員共同追求企業韌性的確保與厚實。一方面，它厚實了與會經營者在交流經營層面的韌性；另一方面，G2平台也幫助成員建構對經營者而言非常珍貴的精神面的韌性（mental resilience）。

透過G2平台，成員交流切磋、多方學習，讓經營面的韌性更加強大。G2平台服膺的「共享」概念，讓這個組織成為共享平台——一個去掉傳統中心化概念，由同儕對同儕所構成（peer to peer）的交換平台。[15] 從這個角度解讀G2平台的運作，可以看到在這個代表台灣第三個破兆產值的機械產業中，二代群組會員跟會員之間直接交換商業資訊、分享商機或詢問技術解。例如，當有人在Line群組中詢問是否有人可以協助有關軸承的問題，有這方面技術經驗的會員便透過私訊發聲支援，甚至互相拜訪、進行學習交流或者實際合作。這些過程，無需經過協會的認可、分配，而在這破兆產值的機械產業中以點對點交換的型態進行。另外，許多新商機或學習機會的資訊，知悉者也直接在G2 APP平台上公布給所有會員，其他有興趣的會員便直接報名參與，同樣省去協會人員或者領導決定的過程。

進一步解構G2這個二代平台，較為特別的是會員透過平台共同尋找或保持「精神面的韌性」。外界總以為企業二代含著金湯匙出生，是「富二代」，但二代的孤獨與寂寞，以及深怕自己成為「負二代」的擔憂，只有走過或正在走家族企業接班之路的人，才知道箇中的酸甜苦辣。也因此，雖然不少二代經營者順利接班，但嘗試後乃至嘗試前就退卻者也不在少數。在這樣的背景下，G2平台對於會員而言，成了一種無價的資源，讓類似背景的二代經營者，有機會分享較無法為外人道的問題或挑戰。

曾經在G2定期舉行的讀書會中，會員們熱烈而深入地探討諸如「如何跟自己企業一代的父親相處溝通？」、「企業最佳執行長有哪些特性？」等等，可說是企業二代較為私密但自己常常思考、多有困惑的題目。另外，G2這幾年也成立了許多包括戶外運動、美酒佳餚等方向的「專委會」，透過共同保持運動習慣甚至利用下班時間進行品酒放鬆，協助經營二代身心的重新充電。透過這些相互串連所形成的友誼，甚至讓會員成為彼此的依靠，而在精神層面能夠適度紓解，重新找回動力。

國外其實也有類似的團體，例如青年總裁協會（YPO）等，目的也是透過平台，讓年輕的企業領袖共同成長，進而可以提升生活、助益事業，甚至改變世界。在國內，隨著G2的成功發展及獲得重視，各行各業也陸續成立類似的二代組織，例如建設業的新世代會、磐石二代會、二代卓越會、三三青年會，以及如中小企業總會協助成立的二代大學等等。這類組織作為企業接班經營者的平台，最基本的功能就是讓成員可以在信任下相互取暖，認識類似背景的朋友，而在精神層面確保經營者的精神層面韌性。

第六章

韌性六力的修練

最後，我們提出「韌性六力」的模型，為企業在全覽力、連結力、穿越力、更新力、開創力、警醒力等六個面向提供具體作為，全面關照、護持、培養企業韌性。

一路討論到這兒，很明顯地，我們見到企業裡「事」和「人」的不斷再合理化，彼此交織、互為因果。這相互交織的長期結果，是企業韌性的打造。

接下來，我們將從「被動」與「主動」這兩個面向，比較完整地去看待企業韌性的作用與重要性，從而透過韌性概念，統整本書先前對於數位轉型、數據、傳承等課題的討論。

根據本書的探討脈絡，本書最後將提出「韌性六力」，以收斂整合我們對經營者的各項提醒。

從百年經營的尺度看企業韌性

三菱電機、Nikon、BMW、3M、米其林（Michelin）、康寧（Corning）、西門子（Siemens）、吉百利（Cadbury）、杜邦（DuPont）、巴克萊銀行（Barclays）……這些橫跨不同國別和產業領域的企業間，有任何共通點嗎？

有的。它們成立迄今都至少一百年；換句話說，它們都是所謂的「百年企業」。[1]

台灣也有百年企業，但大抵集中於傳統民生消費領域，[2]企業規模大多相對有限。至於現今較具規模的企業，如本書起始處所述，台灣證券交易所公開發行交易並持續營運的近千家企業，平均的歷史還不到四十年。可以說，台灣絕大多數的企業都還相當年輕，多還由創業一代或接班二代所帶領，距離百年企業的里程碑有段相當的距離。在技術推陳出新、環境變遷快速的數位時代，如果企業的經營者有心，想替子孫或股東打造、維繫百年大業的根基，而不想被時代淘汰，那麼，應該掌握什麼樣的關鍵呢？

對此，我們在本書中從當今數位轉型之「事」，以及環繞著「人」的企業傳承等不同方面，所試著給出的答案，就是「不斷再合理化」。而一個能夠在長時間實踐「事」與「人」方面「不斷再合理化」的企業，相對地會是具備韌性的企業。

複雜的環境中事事相連，事態的可預見性與可控制性都低。面對環境變化時，幫助企業處理危機，驅動企業持續自我適應與更新的韌性，是動態環境中企業持續調適與壯大的必要條件。

如我們在首章的闡述，對於企業來說，韌性可分為被動韌性（由外而內的不斷再合理化）、能動韌性（由內而外的不斷再合理化）。前者，是企業過往走對了路、做對了事、選對了人等等，與效能有關的抽象累積，能協助企業在面對變局之際有較寬裕的應對空間，因此有較大的「不敗」把握。後者，則是企業面向未來，走對的路、做對的事、選對的人等等效能創造與累積的本事；這些本事的發揮將提高企業「能勝」的機率。

這兒的不敗、能勝，或者對應到短期的戰役，或者指向較長時間、較大格局的市場競爭。當然，在這本書中，我們的重點放在「看長」。

當台灣稍具規模的企業，在二代或三代承接之際，紛紛望向百年企業發展目標的今日，所希冀的，當然是從現在到企業百年之間的連續不敗與能勝。但證諸歷史，沒有任何一個自由競爭市場中的企業，長期發展過程中不曾碰上些坎坷、摔過幾跤。在拉長了的時間尺度下，這些坎坷與摔跤甚至可能長達數年乃至十數年（例如接下來「Sony起伏數十載」的例子）。

當我們談「不斷再合理化」以打造企業韌性，無論是數位轉型的實踐，還是企業傳承的布置，都在這方面現實的認知下，看望著企業「事」與「人」長期間不敗與能勝的機率提升。變局中，若能持續有著比較高的不敗與能勝機率，企業自然比較可能在未來的某個時點上，歡欣迎接「百年慶」。

Sony起伏數十載

1946年，當時38歲的井深大與25歲的盛田昭夫聯合創辦了東京通信工業公司。1958年，當公司要由東京通信工業改名為「Sony」時，盛田昭夫力主不要將企業定名為當時不少工程師偏好的「Sony電子工業」一類的名稱。而後，盛田昭夫更是主導了1968年的CBS Sony Records合資，以及1979年Sony與外資共同成立壽險公司以涉足金融業之舉。

1990年代，所謂「Sony神話」開始破滅。東京秋葉原的電器店裡開始看得到Sony產品被擺在門口，標上「跳樓價」，當作吸引顧客的帶路貨。本世紀初，隨著搭載高畫質DRC技術的WEGA電視及隨身聽產品淡出市場，Sony愈來愈平庸化。以電視產品來說，從傳統上畫質的領先，轉向競爭紅海市場中的價格和外觀。但若要向以量取勝的市場靠攏，卻又比不上Panasonic這類品牌的規模化生產與銷售能力。2003年，Sony推出包括電視、數位相機、音響等產品的「QUALIA」系列，並定義為頂級品牌，更讓原有市場對於Sony品牌質精的印象崩解，成為沒有特色的企業。

隨著不曾與井深和盛田等創辦者並肩工作過的員工乃至董事數量漸增，創業時期的熱情消褪，眾人膽子愈來愈小，傳統上以高端技術開發新產品，從而創造新市場、引領風潮的精神已不再。大家只悶頭找既有框架下的解方，在業績掛帥下自然不去觸碰風險大的新領域，從而怯於創造未來。

十多年間，兩任會長出井伸之和霍華德·斯金格（Howard Stringer）將力氣放在對於成本的縮減，不再關注既有領域內幾十年下來打造出技術的持續精進追求。譬如原來讓Sony彩色電視畫質領先的DRC技術，因需要使用專屬的大型積體電路，成本高昂，在成本掛帥的年代裡便被拋棄。出井伸之當會長時，有大量與Sony無直接關聯的外務，包括出任美國通用汽車（GM）、瑞士雀巢公司等企業的外部董事、森喜朗內閣官房IT戰略會議議長等等。到了斯金格時代，他甚至不住在日本，每個月只在日本待十天。

天外伺朗（本名土井利忠，原Sony常務董事）曾提過，早年Sony有著信任、寬容的「長老型管理」文化，讓工程師們勇於嘗試、推出技術獨特而個性鮮明的產品。但出井伸之接掌後，因為離創辦人世代已遠，領導上公信力有限，不得不強調數字導向，以短期業績做為行事的依歸。

1990年代擔任會長的大賀典雄，後來也公開自我懷疑是否選錯了接班人。他曾說：「盛田推出了隨身聽，我推出了PlayStation，而出井君當上總裁後，向世界推出了什麼具有『Sony風格』的產品？什麼也沒有！若他不能推出我認可的『Sony風格』的產品，我就不認可出井君的領導。」[3]

這樣的頹勢，直到2012年高舉「改變Sony」大旗的平井一夫出任會長，才有所停歇。透過降低電子產品、金融事業、娛樂事業等等因風格差異所形成的部門化壁壘，縮減虧損的電視業務，出售個人電腦事業，改變文化等等努力，Sony在幾年後終於轉虧為盈，並在截至2018年3月底為止的會計年度，創出睽違二十年的利潤新高。

以此為基礎，2018年起接任的會長兼社長吉田憲一郎，宣告要回歸到盛田昭夫時代「多元發展、勇於開創」的Sony。吉田憲一郎主導Sony改以三年為單位，鎖定營業現金流去制定經營指標，為的是避免再重蹈1990年代到2010年將近二十年間問題的覆轍。現在看來，那些年間過於短視地將目光鎖在單年的利潤創造上，急功近利的氣氛大規模銷蝕了Sony自創業初期起數十年累積的獨特風格。

雖然Sony對於整合軟硬體以追求綜效的企圖，可以溯源自盛田昭夫時代併購美國CBS的決策；但半個世紀耗費鉅幅資源的軟硬體開發，經過平井一夫到吉田憲一郎這段時間的整理、大環境的成熟，加以近年重新定義出圍繞著用戶的「One Sony」成長策略，才慢慢開花結果。過程中，從早年以電子產品為主導的企業，Sony逐漸轉型為擁有電子、半導體、娛樂、金融等業務的綜合企業，並因此在2020年4月將企業名稱改為Sony Group。在這樣多元發展、圍繞用戶的進程中，很關鍵的一個支柱是以音樂、電影、遊戲等娛樂為核心，透過內容（如《鬼滅之刃》）發揮磁吸作用吸引用戶，跳脫傳統上對於一次性交易、熱銷型電子產品的倚重，轉為偏重「循環型」（recurring）營收模式的企業集團。自2010年起，更從遊戲領域導入訂閱模式的收費機制，藉以擺脫對於遊戲機硬體銷售的依賴。

另外，近年被Sony看中培養，繼而定位為體現「One Sony」策略的關鍵業務，並成為旗下娛樂業務中除音樂、電影、遊戲等項目外第四根支柱的，是Sony母國向來風行的動漫。Sony 旗下以美國為母市場的動漫影音公司Funimation Global Group，擁有百萬收費會員，在疫情期間吸引當地動漫粉絲。2020年底，再以1,200億日圓（約合新台幣300億元）收購有9千萬用戶的美國動漫視頻網站Crunchyroll。

社群媒體發達下，全球消費者愈來愈在乎相片成影品質，也因為扮演自動駕駛技術中關鍵的眼睛角色，Sony長時間開發近年佔全球銷售量近半的CMOS（互補金屬氧化物半導體）圖像傳感器，帶給Sony各種技術與產品連結的新機會。機器狗AIBO開發團隊（The AI Robotics Business Group）承繼該團隊以傳感器感知環境後決定動作的技術能耐，近年主導無人機（Airpeak）與電動汽車（VISION-S）

的開發，並開始為專業攝影需求結合無人機與全片幅微單眼相機 α、為無人車開發需求結合電動汽車與配備Sony CMOS的大幅顯示器等嘗試。

2021年，會長兼社長吉田憲一郎揭示，要在能傳達感動的廣義娛樂領域中，透過不斷深植擴充的內容娛樂基礎，以拓展原有全球1.6億粉絲社群用戶數至10億粉絲為長期目標，將Sony從二十世紀的家電企業轉型為二十一世紀的娛樂企業。

數位轉型、企業傳承與韌性

如果以一部車來比喻一家企業的話，那麼企業文化是車子的底盤，人才是車子的引擎，企業內有形制度與無形規範便是車子主動安全配備中關鍵的一環。底盤決定了車子的配置能有多大的能耐、會遇到什麼樣的限制；引擎驅動車子的奔馳；而主動安全配備，則讓這車能既不費力又相對安全地行駛在各種路況上。至於企業的經營者，當然就是手握方向盤、腳踏油門與煞車的駕駛。

這麼比喻的話，企業的數位轉型便牽涉到隨著地景路況的

表10__兩種韌性與數位轉型、企業傳承的關係

	被動韌性	能動韌性
數位轉型	降低可預期乃至無法預期的環境變化，對於企業所造成的負面衝擊	循不斷再合理化顧客為經營前提，藉由數位應用開創新產品／新市場／新模式
企業傳承	減少因交棒者突發的無法視事或後繼無人，而造成企業領導與決策上的斷層	透過接班者不同的認知架構與再創業意志，驅動企業的自我更新

大幅變動，而對於底盤、引擎、主被動安全配置等關鍵環節的調校——更誇張些來說的話，對於經營者而言，這些調校的難處在於要邊開車邊改車。至於企業傳承，則是在一場沒有終點的拉力賽中，正駕駛有計畫地讓坐在副駕座上的接班者，在對於所處路況更有把握、心力更充沛的情況下坐上駕駛座，而自己願意功成身退地在後座觀景。

被動韌性則與遇到未預料的險惡路況時，可以化險為夷、讓車快速回到主賽道上的能耐有關。至於能動韌性，則與行路過程中方向清晰、駕技不斷精進、車子性能不斷提升、合規下找到最合理的路徑等方面有關。

我們就以表10的簡要整理為基礎，分別探討被動、能動韌性，與本書關切的數位轉型、企業傳承兩者間的關聯。

藉由數位轉型，厚植被動韌性

如本書之前的討論，數位轉型很大程度是為著應對來自包括技術面的總體環境變化，以及隨之而來的顧客習慣等個體環境改變。而轉型一事，讓實體原生的企業，無論是以B2B或B2C為主，修練虛實雙生架構。這樣的修練若確實到位，可以讓企業在環境出現無法預期的變化時，有較高的不敗機率。

以新冠疫情期間的餐飲業為例，大家對於大宴小酌的餐飲場所，多有各自的口袋名單。除去講氣氛、排場等特定場合才會考慮的地點，能列入名單的多數店家，主因通常是菜色與口味。當防疫期進入不准內用階段時，這些菜色好、口味合的店家，都面臨經營上的危機。這時，以大家普遍叫得出名號的餐廳來說，通常有以下幾類因應方式：（A）歇業；（B）僅提供外帶；（C）提供外帶並接軌外送數位平台，進行短距離外送；（D）提供外帶、藉外送數位平台短距離外送、提供冷凍菜餚線上訂購後宅配。

如果是同個菜系、類似檔次的餐廳，假設其他條件相當的話，D類餐廳在疫情中存活下來的機率會大於C類；而C類餐廳則會大於B類。道理很簡單，對顧客來說，想在家就能吃到某種菜餚時，「找來找去，就這家最方便」這件事，D類餐廳獲選的機率最高。

危機中見企業的被動韌性高下。從這個角度來看，數位轉型便是讓企業在無法預料的環境危機發生時，能有底氣地說：「準備好了！」

藉由企業傳承，確保被動韌性

任何組織若領導人因故無法視事，而又無法馬上有適能、合法的繼任者無縫接軌的話，組織內部很容易出現紊亂、產生危機。這也是為什麼美國在1947年通過的《總統繼任法案》（Presidential Succession Act of 1947），明確列出美國總統無法視事時的繼任順序，名單列入十多名政府官員。

從這個角度來說，很明顯地，合理的企業傳承布局可以降低企業在人事危機中的空窗斷層，確保企業的被動韌性。所以長線經營的企業，對於從最高領導者到組織內各關鍵管理職位，都應該有滾動式不斷再合理化的接班人計畫。卡爾．拉格斐（Karl Lagerfeld）在1980年代香奈兒的衰頹期接下設計師工作，帶領品牌起死回生，走出一番新天地。這位香奈兒長期倚重的創意總監，後來被中文時尚圈尊為「老佛爺」。2019年他驟然離世，死訊傳出一小時後，香奈兒便宣布創意總監的繼任人選。這事情的背後，就是一個長線經營的企業在傳承面向上的韌性彰顯。

無論家族式或非家族式企業，傳承面向上的韌性彰顯都是「看長」時的企業治理要務。資誠會計師事務所曾在近期一份調查中發現，三百多位受調查的本土家族企業掌門人中，有44%屬於「除非離開人世，否則不會離開領導地位」的「君王型」經營者。[4]而在資誠的另一份調查中，則發現僅有個位數百分比（2018年數據為6%）的台灣家族企業，備妥經傳承兩代溝通過的、相對完整的傳承計畫。[5]

很明顯地，華人文化圈中家族式企業關於傳承方面的治理，是牽涉企業領導者智慧與眼界的關鍵挑戰。

藉由數位轉型，創造能動韌性

透過打造對目標客群而言「選來選去，就找這家最妥當」的攸關性，認知到數位新局裡既有事業其實可透過數位技術被賦能的經營者，常能透過新的產品、市場、模式的開發，創出一番新天地，打造紅海中能勝的藍海事業。

近期在IDC（國際數據資訊有限公司）「數位轉型大獎」中獲頒「數位轉型破壞創新者」（Digital Disruptor）頭銜的車博

資訊（Carpost），就是這樣的例子。台灣的二手車市場，據業界保守估計，一年的成交金額達新台幣3,000億元。這麼大的市場，始終以非常傳統而資訊不透明的型態，由「重資產」的群雄所割據。

車博的創辦者原本是傳統二手車車商，看懂了數位新局後，憑著連續創業的經驗與團隊，以新模式經營市場上很少見的耐久財跨境電商。這家公司對二手車市場有多年經驗累積下來的第一手理解，加上熟悉數位環境的各種可能性，所以透過數據來串接海外的汽車履歷，並導入區塊鏈技術，確保車籍車況的正確性。

就這麼，在線上為台灣顧客提供大量的美國雙B二手車資訊，讓顧客可以不費力而安心地線上選車、訂車。再加上全方位的車輛進口服務，讓顧客簡便地付款取車，省去傳統外匯車進口的種種麻煩和不確定。在這樣的經營模式下，車博把傳統二手車交易的黑箱掀開，只收透明、固定的進口車總成本5%佣金。台灣二手車市場一年的交易金額雖高，但傳統上因為太不透明，一向是政府課稅的灰色地帶。車博的新形態二手車交易模式還有很大的成長空間，也讓二手車交易的課稅透明化、合理化。

藉由企業傳承，擴大能動韌性

在企業既有的基礎上，透過接班者重新界定的經營假設、所引入的各種再合理化作為，企業或能因新的人事而實現自我更新。以1872年創立的資生堂為例，創業者福原有信從軍醫工作退下後，先開設藥房，而後涉足化妝品市場。二代福原信三接班後，將企業重新聚焦在前景看好的化妝品事業，並將家族所有權轉為資產管理公司，而讓資生堂公開上市。上市後，這位二代經營者制定了有名的「三鐵律」（不濫用權力、不屈服權勢、避免家族勢力介入公司經營）與「五主義」（品質本位主義、共存共榮主義、零售主義、堅實主義、德益主義）。[6]

如果從能動韌性的角度來看百年企業資生堂，便會見到這裡所謂的韌性，其實是福原信三奠定基礎而後組織長期發展出的動態能力；它牽涉組織能否認清現實，掌握環境變遷的各種訊號與趨勢，累積必要的彈性應變資源。百年前，家族二代福原信三所確立的所有權與經營權分離制度，以及他交棒給專業經理人的範例，成為資生堂後來傳承上的常態，使資生堂避掉家族事業常有的「富不過三代」魔咒；而他確立的「三鐵律」、「五主義」則成為組織文化裡的關鍵元素。這些都是資生堂過去遇亂流得以復原、遇機會得以自我更新的韌性來源。

如此根植能動韌性的組織，通常還會具備「不忘本」與「看長線」的價值觀。就這一點來說，我們看到資生堂現任社長魚谷雅彥宣示面向未來一百年，資生堂將以「做為有傳承根柢的全球贏家」（be a global winner with our heritage）當作經營方針。這個「根柢」自然以三鐵律、五主義為本；而要當能勝的贏家，便是透過各種市場上的合縱連橫，讓資生堂能在數位時代保持對全球顧客的攸關性。目前的資生堂，母國與海外市場營業額各佔約半，電商銷售佔比達20%，並且在這樣的傳承脈絡下，持續擴大虛實整合的數位轉型投資。

經營常識，為被動韌性做好準備

《雜阿含經》這部佛教的經典中，節錄了佛陀對聽講的眾比丘透過一個譬喻，談「受」的修行要義。[7] 大意是說，人因為與環境的接觸，生老病死的過程中欲望再交雜感知，自然又生出許許多多侵擾痛苦。這就好像身上被射了一支箭，身體已經覺得很痛了，這時如果因為缺乏智慧而無所適從、無法安頓、亂了方寸，那麼這般造成的心痛，就會像是再被補上第二支箭。身心雙重受箭，更痛。

辦公室曾設於紐約世貿中心南塔43樓到74樓間的投資銀行摩根史坦利（Morgan Stanley），在1993年世貿大樓首度遭受恐怖攻擊後，經營階層即意識到世貿中心作為美國與資本主義的象徵，很容易被恐怖分子選為攻擊目標，而早早便制定精細的恐攻應變與撤退流程，並且嚴謹地定期演練。2001年911事件發生，第一架被劫持班機於上午8點46分撞上北塔；一分鐘後，摩根史坦利即按照應變計畫，啟動大樓中各辦公室的全員撤退。當第二架被劫飛機於上午9點3分撞上南塔時，絕大多數員工已順利撤出。因為能有效率地撤離在南塔辦公的將近2,700名員工，讓摩根史坦利於911當天僅折損7名員工，而得以有較完整的人力資源配備，去因應911之後劇烈金融市場動盪。這便是企業遭逢危機之際，因為做好準備的被動韌性彰顯，使衝擊最小化的一例。

對照之下，在某些面向上未能掌握環境風險而有所準備的企業，遭遇衝擊過後的復原能力相對較低。舉例而言，在供應鏈管理的情境裡，複數供應商網絡是供應鏈韌性的重要因素。日本311海嘯之後，因為原有及時供應鏈中的供應商無法復工供貨，豐田汽車在地震發生半年後仍未能回復地震前的產能。以即時生產（Just in Time，簡稱JIT）供應體系聞名的豐田汽車，遇到無法預料的衝擊時，被動韌性的欠缺讓企業吃了大虧。

容我們僭越地引申來自宗教情境的譬喻，來詮釋此處所討論的被動韌性。以豐田汽車來說，311海嘯之後，原有的供應商無法出貨，這件事可當作是豐田所遇到的「第一支箭」。而即便地震過了半年，豐田仍無法分散建立供應商源，造成產能遲遲無法回到原有水準，這便是它所受的「第二支箭」。

宗教有其講究的智慧，而企業經營遭遇危機（身受第一支箭）後「會」或「不會」接著有第二箭刺骨穿心的問題，關鍵其實在於經營者是否具備經營的「常識」。

「常識」，卑之無甚高論——確實如此。但是在經營的場域裡，經營者不時會因各種惰性而忘了卑之無甚高論的常識。接著，我們就來檢視幾樣大家都知道，但日常實踐上卻未必能做到的事：

一、雞蛋不要放在同一個籃子裡。豐田之所以在災後受到第二支箭，就是因為它在母國的生產供應布置強調精實即時，卻忽略了很常識性的風險分散必要。另以近年的事例來說，是不是能實踐「雞蛋不要放在同一個籃子裡」的常識，關係到跨國布局的企業在中美貿易戰局與新冠疫情下，是否能有效避免掉斷鏈、停產、滯銷等第二支箭。

二、保持彈性。《三國演義》裡大家很熟悉的故事，是曹操帶兵攻打江東時，由於北方士兵不諳水性怕暈船，加以誤中龐統詭計，而將所有船艦連環綁在一起。雖然士兵們不暈船了，卻也導致赤壁一戰，在風勢助長下，著火的艦隊火勢一發不可收拾，而終致敗北。後見之明，很容易看出曹操把船全綁在一塊兒，艦隊喪失彈性這硬傷。就企業的經營來說，模組化的配置保持彈性，相對便可降低全軍覆沒之險。新冠疫情期間，若干企業採取分艙分流的上班模式，包括分組上班、輪班、動線分開及對外訪客管制，就是讓營運彈性化、避免危機中營運停擺的實踐。

三、準備、準備、再準備。具有被動韌性的企業，會建立預警及應變機制，針對各種風險狀況進行因應演練。這方面的實踐，靜態地說例如「企業持續營運計畫」（Business Continuity Plan），設想好危機狀況下的SOP。至於動態的準備，則如2021年5月台灣一周內發生了兩次的停電事件。第一次停電時，考驗的是企業原有的準備度；但第二次停電時，則另外還考驗企業是否有從第一次停電汲取教訓，快速學習適應，降低風險衝擊。

這裡所說的準備，其實還關係到經營者對於環境的敏感度、判斷力，以及對於「做好準備」的在乎程度。

2021年台灣新冠疫情爆發的5月中旬之前，曾有約一個月的時間，因為媒體大規模渲染AZ疫苗的負面新聞，導致國內疫苗「過剩」；政府因此開放所有成年人可以自費施打AZ疫苗。若干經營者，認知到遲早需要接種的必然性，同時憑常識掌握資訊，形成合理的判斷，不理會各種偏見，在這段期間自費接受施打。疫情爆發後，台灣社會迅即從拒打疫苗階段翻轉進入一長段疫苗荒的紛擾期。而這些看得遠些、提早做好準備的經營者，此時已相對有了多一層的防護；在領導企業度過疫期之際，心態上自然便能有較多指揮若定的餘裕。

經營假設，能動韌性由此出發

企業的經營與發展，從某個角度來說，是各種「可能性」的經營與發展。可能性大致可以就結果來區分，歸屬到產品、市場與商業模式這幾個方向。

針對產品與市場，半個多世紀前的安索夫矩陣（Ansoff Matrix），就指引了企業發展策略的幾種可能性。我們先簡單就安索夫矩陣所指向的四種企業成長的可能性，作如下說明。

一、市場滲透：在已經耕耘的市場裡，就著既有的產品，透過價格策略、通路布局、有效溝通，持續深耕。一方面鞏固既有客群，另一方面引進新客源。

二、市場開發：雖然經營同樣的產品，但考量到市場風險或原有市場已趨於成熟，企業可能透過邁向全球化布局、開發新市場，以因應及預防市場變化。例如在精密機械產業，近年大量企業二代在傳承過程中，積極參與國際展會，替公司開拓新市場。尤其中美貿易戰開啟後，不少企業開始涉足東南亞各國乃至印度、澳洲等區域的展會，企圖開發新的地理市場。此外，企業也可能將原有的產品推展到新的應用市場上。例如台灣的齒輪產品，原來主要應用在傳統內燃機引擎為核心的汽車上，但隨著商用民航機產業的快速成長及電動汽車的出現，相關企業便積極在這些新興市場中，尋覓產品推廣的可能。

三、產品開發：除了將產品帶向更國際化之外，看得遠些的企業也會多方嘗試以突破原有的產品與服務技術，發展新產品，以適應市場的變化。例如台中的和和機械，多年來耕耘的產品是彎管機及金屬圓鋸機；由於雷射的發明與切割應用技術的興起，這幾年和和機械積極自主研發雷射切割，避免因雷射切割技術替代原有刀片切割技術之後，企業也跟著舊技術的被取代而沒落。

四、多角化：企業考量長遠，為了分散產業經營的風險，也可能涉足相關的多角化發展。譬如六星機械，原本經營穩定成熟的齒輪及五金產業，多年來累積投資核心技術，發展歷程

表11__企業成長的八種新可能

安索夫矩陣原有的四類策略	加入商業模式維度後的考量	
	既有商業模式	新商業模式
既有產品，既有市場	1.市場滲透	5.多模式市場滲透
新產品，既有市場	2.產品開發	6.產品與模式開發組合
既有產品，新市場	3.市場開發	7.市場與模式開發組合
新產品／服務，新市場	4.傳統多角化	8.跨模式多角化

中涉入專用機產業、皮件產業。在這些市場開發與新產品開發的經驗支持下，近年開始涉足雷射雕刻的時尚皮件品牌經營。

如果我們針對數位時代的商業環境改變，更加周全地去討論經營發展的「可能性」，那麼就合適把半個多世紀前的安索夫矩陣，原本設定的「二維」思考，加以「升維」成「三維」。需要增加的一個維度是「商業模式」，直白地說，便是企業組合各種資源、進行各項連結之後，得以賺錢的方法。

表11說明升維之後的各種企業成長可能，在三個維度2×2×2的八種可能涵蓋中，除了維持既有商業模式下等同於原安索夫矩陣的指涉外，當商業模式更新又會帶出如表11中右邊欄位所示的四種企業發展成長可能。

以下，簡單說明這四種連結新商業模式後的企業發展成長可能：

五、多模式市場滲透：就著既有的產品與既有的市場，透過新模式來經營。例如餐飲行業，連結上數位外送平台（如foodpanda、Uber Eats）後，除了既有的到店或外帶生意外，再接引上規模化的外送服務。這樣相對初階、簡單卻普遍的虛實整合經營，便屬於此處所謂的多模式市場滲透。

六、產品與模式開發組合：開發新產品，透過新模式來經營既有的市場。女性始終存在著對於粉底的需求，資生堂在美國藉由併購新創事業MATCHCo，成立bareMinerals品牌，透過數位端提供客製化的粉底產品，並接軌訂閱制服務來經營既有的粉底市場，即為一例。

七、市場與模式開發組合：例如原以內銷市場為主的穿戴品製造商，透過如亞馬遜全球開店（Amazon Global Selling）、阿里巴巴之類的跨境電商平台，進入過往未曾努力經營的新地理市場。這是過去十多年間B2B場景裡常見的虛實整合經營嘗試。

八、跨模式多角化：定義上，這是企業既發展新產品，也跨入新市場，又嘗試新模式，「三維」都涉足新領域的嘗試。近期台灣和泰集團在原有的車輛販賣與維修業務外，涉入新的產品品類（如成立和泰產險，正式跨入產物保險領域）、新的市場（如創設Yoxi，開發數位叫車平台市場；又如iRent所涉足的按需用車市場）與新的模式（如和運租車習自日本豐田，在台首推的訂閱制租車模式）。該集團近年的多方位發展便屬跨模式多角化。

就著表11所開的「菜單」來說，經營者面對成長的八種可能，應該如何「點菜」，才能確保企業的韌性呢？ 我們的建議是，回到所營企業的根本去思考。

以各種語言撰寫，談企業經營、市場競爭的商普書籍，向來很多。尤其是1980年代之後，這類書籍的出版，與需要不時發展課堂上「定食」菜色的商學院、需要時興話題搏曝光的媒體與人物、需要新題材的管理顧問業一塊兒，清楚地形成一個商普內容生態圈。多年下來，但見不同階段熱門鼓吹、眾人追逐的浪潮與流行，經過時間的淘洗之後，在新時代未必攸關，多數光環褪去。而其中可以抵得住時間折舊者，必須能相對廣泛地直指經營的本質。這方面，迄今沒人比得上觀察、立論、析理可以橫跨大半個世紀而被幾代人認同的彼得・杜拉克。

在《管理的實踐》（*The Practice of Management*）一書中，[8] 杜拉克認為，如果一個企業以高效率去做錯誤的事，長時間也將無以為繼。就像不管生產效率再怎麼高，也無法在汽車風行的年代，讓過往輝煌的馬車皮鞭製造商循著老路壯大下去。因此，他特別強調企業領導人應該不時思考的並不是「我們的企業是什麼」，而是「我們的企業應該是什麼」。也因此，企業進行規劃時，首先應針對每項活動、產品、生產方式或市場，提出這樣的問題：「如果不是當初一直這麼幹到現在，我們還會投入這項嗎？」如果答案是否定的，那就應該去思考如何擺脫這已不合理的現狀。

既然企業應該不時自我更新，同時多變環境中超過極短期時間範疇的預測，基本上沒有價值，因此杜拉克主張，經營上至為關鍵的問題，並不是「未來將會發生什麼」，而是「在我們當下的所思所為中，必須包含些什麼樣的未來性？決策者真正要應對的問題，並不是企業明天應該做什麼，而是今天必須為不確定的未來做什麼樣的準備」。就著這樣的邏輯，在《卓有成效的管理者》（*The Effective Executive*）一書裡，[9]他因此斷言：「管理者應該專心一志，以要擺脫已經不再有價值的過去當作首要任務。」

1990年代中葉，看到資訊發達勢將改寫人類社會與商業世界，杜拉克在網際網路商業應用萌芽之際，所寫下的《巨變時代的管理》（*Managing in a Time of Great Change*）一書，[10]迄今仍非常值得關注數位轉型乃至企業傳承議題、想從本質上加以理解掌握的人士參考。杜拉克明確指出，任何型態的資訊發展與應用，都是工具。他提醒經營者，應該思考清楚企業要當資訊工具的主人，還是成為這些工具的僕役。如果要當資訊工具的主人，那麼執著於速度與效率的技術追求，反而會讓企業失去長時間獲益於這些資訊工具的機會。

我們用了一整本書的篇幅，去解析當代數位轉型乃至企業承傳上，「不斷再合理化」心念與實踐的重要。企業的韌性，長期來說便倚賴這樣心念與實踐去打造。雖然二十多年前，杜拉克並沒有使用「不斷再合理化」、「韌性」這些詞彙，但《巨變時代的管理》書中的提醒，只要再稍微擴充一下，就能非常簡要且相對周全地，把我們所關心的「不斷再合理化」與「韌性」概念加以收斂。

在上述種種討論中，杜拉克曾多次強調經營假設的重要。經營假設，是企業行動的基礎。最重要的經營假設，包括企業為何而存在、企業所面臨的環境、企業的能耐，以及企業打算邁進的方向。長期而言，企業的「人」與「事」必須不時應對經營環境的變遷，而與時俱進地更新。這過程的出發點，便在於企業的經營假設。它是企業的根本，也是企業韌性的基礎。無論在什麼時空條件下，關鍵的經營假設都包括：

- 關係到社會、市場、顧客、科技等企業環境的假設。
- 關係到企業長期使命的假設。
- 關係到企業核心能耐的假設。

這些假設，建基於對事態變化與企業發展的偵測與理解（sensing）。在如數位轉型這類的「事」上頭，實際驅動的是對於企業環境變遷的假設；而導引方向的，是企業使命與核心能耐的假設。也就是說，它是個由外部條件的假設變化所牽動的過程。至於與「人」有關的企業傳承方面，這時的大哉問便與先前提及的「忒修斯之船」有關。出發點是：企業這艘船放到百年乃至數百年的尺度上，有哪些與「人」有關的設定是交棒者不想更動的（這便直接連結到企業長期使命的假設）？從這個角度出發，透過「人」的交棒與接棒，驅動企業核心能耐隨著環境條件的變遷而更新。也就是說，這是個由內部設定而牽動對外適應的過程。

透過這樣的思考，企業的韌性，尤其是「能動」的韌性，長期而言便建基於企業對於外部環境與內部能耐相關假設的自我更新。

從經營假設的角度回顧諾基亞那檔事

過去十年，諾基亞手機業務由盛而衰的歷史，常被拿出來當作負面教材討論。這裡我們又提它，但不想炒冷飯，而是深入追索肇因。

諾基亞創立於1898年，一開始專事製造橡膠鞋，而後又環繞著橡膠，經營包括腳踏車輪胎、汽車輪胎、工業橡膠等業務。直到一個世紀後的1988年，諾基亞還是歐洲最大的橡膠鞋製造商。1970年代開始生產行動電話。1990年代起，放棄傳統業務，往行動電話與行動電信網路設備領域聚焦發展。1990年代，諾基亞確定以客戶導向、業績攀升、持續學習、尊重個人等精神，作為企業發展的價值圭臬。

1990年代中期後的十年間，隨著諾基亞在多功能手機市場中稱王的順風順水，公司組織開始出現細分化、官僚化的現象。當時，諾基亞曾有專職的「電鈴聲專家」，即為一例。

2007年1月，賈伯斯發表了第一款iPhone。於今看來，這當然是二十一世紀科技發展應用史上一個關鍵里程碑。但就在這一年，諾基亞也創下該公司史上最好的業績紀錄。2007年的氣氛，可由當時媒體報導一窺。當時《大眾科學》（*Popular Science*）與《財星》等雜誌曾將差不多同一時期推出的諾基亞N95與iPhone做比較，並各自做出了N95會是兩者中贏家的斷言。即便到了2008年第一季，諾基亞手機出貨量達1.15億台時，iPhone僅170萬台。然而在智慧型手機席捲全球的風潮中，因為高端市場遭受iPhone的傾軋，中端看著Android超車，低端市場則被中國手機廠商蠶食鯨吞，到了2013年，諾基亞在智慧型手機領域終告無以為繼，而把相關業務賣給微軟。

從前後兩任總裁約瑪・奧利拉（Jorma Jaakko Ollila，任期1999-2012年）、里斯托・席拉斯馬（Risto Siilasmaa，任期2012-2020年）對於此事的檢討，[11]可以看出諾基亞的多元敗因。

就技術面而言，在智慧手機的發展上，蘋果和Google從零開始，採最新技術，建構攸關合適的合作架構與生態。相對地，諾基亞卻需要面對以硬體為中心的文化、老舊的架構、過時的軟體，以及分散於世界各地為不同目的而設立、操持不同工具、只能勉強湊合聯繫的開發團隊。在這樣的包袱下，就算研發投資規模龐大，但零碎而無法協調、缺乏方向，導致在若干關鍵領域的發展深度與力度都不及全方位投入的對手。

隨著諾基亞的壯大，行事風格上也逐漸僵化。全盛時期的諾基亞採購部門專注於與軟體供應商談判，企圖以量制價，而對於與它們發展長期合作關係興趣缺缺。這樣的僵化風格，自然滲透到企業的策略與組織面。而根據奧利拉的回顧，2004到2007年間，管理團隊已相信網際網路將永久改變人類社會，也意識到諾基亞需要培養軟體能力，但對於軟體在5-10年內會造就什麼樣的場景、諾基亞應如何接軌等關鍵，雖能提出問題，但無力針對問題籌謀解答。在這段期間，管理團隊想要改變方向，卻不知如何去做。同時，管理團隊也成了「成功的囚徒」，難以脫卻既有的行事風格與組織架構。

對於企業韌性而言，公司治理是一般較少被注意，但其實可能發生提醒作用的環節。席拉斯馬便曾指出，在公司治理方面，當時董事會並未啟動探究落後原因的分析，也缺乏對於替代策略的討論。管理團隊儘管曾邀請董事會成員擔任某些項目的智囊，但在更多的面向上卻希望董事會不要知道太多。因此，當時董事會成員只掌握了非常有限而片段的資訊，也缺乏實際與策略有關的話語權。董事會因此無力界定管理團隊乃至自身的角色，只能讓管理團隊拖著走。

這些因素綜合起來，導致那段時間裡諾基亞追著愈來愈嚴峻的形勢發展，只能做出階段性、應急式的反應。這時，大家能做的似乎只是忙著去找「解決方案」，而無人能帶領組織去正視、深究發展中事項的本質。譬如當iPhone的勢頭愈來愈強之際，諾基亞忙著推出以因應的是5800機種一類的新觸控式智慧手機，並自信滿滿地認為新產品可以成為

「iPhone終結者」。當威脅愈來愈明顯之際，一如許多企業的自然反應，便啟動大規模裁員、削減研發專案，透過勒緊褲帶的方式，企圖榨出短期利潤，而不大去思考真正關係到長期生存的議題。

這時，除了技術問題與領導問題，跟隨公司前面十幾年飛黃騰達階段的企業成員間，有如感染病毒般，眾人滿足於從歷史資料進行對未來的推論，從上至下普遍缺乏直面未來以「發現問題」和「挖掘真相」的勇氣。席拉斯馬曾以路上奔走的車輛來比喻企業，他說，此時諾基亞這部車，整個擋風玻璃竟是由後照鏡構成，只留一小方缺口供駕駛往前看；駕駛的視野基本上被已經走過的路所霸佔。他形容當時的狀況是，「讓人感覺做什麼都無濟於事。因為無論你追得多快，地平線總是離你很遠，可望而不可即。」

事後回顧省思，席拉斯馬意識到當企業深陷龍捲風時，不容易做到但又非常需要的是，除了顧慮當下的危難外，還應眺望龍捲風範圍外的遠方，並且了解危機的成因。

關係到經營假設的更新，每隔一段時間（杜拉克的具體建議是每隔三年），企業應該嚴肅審視所經營的產品與服務、所使用的通路與價格策略、所應用的技術。由於企業的發展，從人才養成到資訊系統的建置，都容易受制於過往發展迄今的軌跡，呈現所謂「路徑依存」（path dependent）的慣性，使經營者容易受制於過往已有投資所發生的、各種已無法回復的「沉入成本」（sunk cost），往比較局部而非較為全面的合理化方向進行思考。在快速變遷的環境中，為了試著跳脫這樣的泥淖，此處所提及的定期審視合適從歸零的角度來探討：

- 如果過去沒有經營現有的客群、建置現有的若干技術、引入現有的某些人才、採用現有的特定模式，而是現在才打算經營／建置／引入／採用的話，那麼會經營／建置／引入／採用的，會是現有的客群／技術、人才、模式嗎？
- 反過來說，企業迄今未曾經營的客群、未曾應用的技術、未曾引入的人才、未曾採納的模式，當下檢討起來，是否仍不去經營／建置／引入／採用最為合理？

透過這樣試著對「似乎已經是事實」的、「過去歷史所造成」的「人」與「事」加以歸零檢視，比較可能長期保有以「不斷再合理化」動能為基底的韌性。

就當下的數位轉型任務來說，役技術而不為技術所役的企業，面對科技與數據浪潮，循此自然便會盤點經營上所需數據與人才的what、when、where、who、from whom，以及how，然後進一步設定接軌新數據乃至新科技後，有什麼新任務可以做，有哪些舊模式該放棄，有哪些傳統作法該在哪些環節進行改變。

如果思量的時間跨幅更大，那麼有辦法這樣稍事抽離、歸零的經營者，對於所掌舵企業的「忒修斯之船」問題有了自己的詮釋之後，在更大格局的不斷再合理化脈絡下，則早晚需處理what、when、who，以及how等等，與人的傳承息息相關的課題。

威爾許真有那麼神？[12]

美國奇異公司創設於1892年，其源頭與發明家愛迪生、金融巨擘摩根家族與航運鐵道大亨范德比爾特（Vanderbilt）家族都有關聯。1896年，道瓊工業指數問世之際，只納入12家上市公司，奇異便是其中之一。

對於二十世紀後半葉、從全世界各處商學院拿到MBA學位的兩三個世代來說，奇異是再熟悉也不過的企業了。許多的管理浪潮，譬如1950年代的去中心化（decentralization）、1970年代的策略規劃，奇異都是推手與標竿。二十世紀最後的一、二十年間，只要提及英明超凡的企業領導人，當時的執行長傑克．威爾許（Jack Welch）總會如明星般地被眾人矚目與討論。

威爾許自1981到2001年間擔任奇異的執行長。在他20年任內，股價成長了40倍，奇異從製造本業轉向金融與娛樂發展，每年的股東分紅都提高，一度成為全球市值最高的企業（1997年，奇異是首家市值超過2,000億美元的企業；2000年的市值隨即到達破紀錄的5,000億）。

這樣的成就，來自威爾許當時廣被頌讚模仿、但今日看來是炒短線而不無可議的企業文化改造。威爾許之前的幾任執行長，對奇異這家可溯源至愛迪生電器公司的企業，曾一代代厚植忠實、誠信、創新的文化根基。很長的一段時間裡，員工都以在奇異工作為榮。威爾許一上台，便針對多年下來層級複雜的組織進行大刀闊斧地變革；上任三年，便砍掉近兩成的員工。他有名的管理哲學，包括定調奇異只經營市佔第一名或第二名的事業，也包括所謂「排名與解雇」（rank-and-yank），每年砍掉績效最差10%員工的威嚇。

當時有一幅四格漫畫，具體而微地勾勒出這位明星執行長的風格。第一格標題是「問題」，畫著一個人駕著一匹馬車，陷在泥淖裡。第二格標題是「工程解決方案」，畫中多加了一匹馬，代表著試圖用更多的馬力掙脫泥淖。第三格標題是「管理解決方案」，畫裡頭多加一個人，可能是要幫忙一起出主意。第四格標題是「威爾許的解決方案」，畫中馬和人都不見了（都裁掉了），剩下馬車車體，上面標著「待售」。威爾許相當自豪他可以快速掌握局勢、做成決策。但是根據各種紀錄與敘述，這些風格背後有著他極強的主觀好惡。譬如他討厭胖子，認為胖子是因為個性懶才胖；又因為他有名的「看不順眼誰，誰就得走路」作風，當時奇異各事業體裡相對肥胖的經理人，都想方設法盡量不要出現在他面前。

在這樣的調性下，威爾許將奇異強調信任與尊嚴的傳統，轉變成以短期利潤極大化為標的、老闆不高興就隨時得走人、員工每天上班感覺如步入戰場的氣氛。在其治下，奇異傳統的文化丕變，組織裡的「英雄」不再是延續愛迪生傳統的研發工程師，而是可以神奇地創造出持續利潤增長的「數豆子的人」。

如同當時麥克道格拉斯主演「華爾街」電影裡所鋪陳的氣氛，威爾許領導著奇異，掀起一番「除了賺錢，其餘免談」的風潮。在這個獲利突飛猛進的時期，有位奇異董事曾自嘲說，董事會的主要功能剩下替威爾許鼓掌。

威爾許風光下台之後，奇異便一路往下坡走，留下的「創意會計」（creative accounting）、「盈餘管理」(earnings management）等各種歷史性黑箱，以及過往有如搖錢樹但藏著深不見底問題的金融事業，都讓接棒的執行長傑夫·伊梅特（Jeff Immelt）發現接到手的是一大簍燙手山竽，而懷疑曾經風光的「威爾許神話」。

這個世紀，奇異的榮景不再，終至2018年被道瓊工業指數自成分股名單剔除。從後見之明來看，一定程度可回溯到威爾許在上世紀末所種下的、無法逆轉的因。

修練韌性六力的必要

一個能夠在長時間實踐「事」與「人」的「不斷再合理化」的企業，我們就把它稱作具備韌性的企業。被動韌性讓企業有遇到亂流時的復原力；能動韌性則繫諸看長線的價值觀，以及混沌克難中的修補創造，帶給企業長期掌握機會與成長的「自我更新力」。

心理學上，韌性意味著在逆境中保持樂觀、持續自我療癒的活力。韌性彰顯於外者，乃是堅忍、有恆。至於組織的韌性，同樣不是一種靜態的特質，而是路徑依存發展下的動態能力，讓組織能認清現實，時時自我更新。有韌性的組織長於掌握環境變遷的各種訊號與趨勢，累積必要的彈性應變資源。

前述的被動韌性，常常反應在危機管理的情境。從危機管理的角度出發，韌性牽涉到組織關於辨識、預測、防範、處理危機的一系列防衛性能力。這些能力，在危機未發前，則彰顯於組織關鍵脆弱處的管理，包含預測系統、應變計畫與各種演練。因此，企業的被動韌性以其能掌握事態的意義（meaning making）及發展的趨勢為前提。

若放眼於企業長期自我更新所需的能動韌性，那麼對於環境變化的預見、事態意義的掌握，都是必要條件，直接與方才討論的「經營的假設」有關。但既然放眼長期的發展，那麼企業組織文化中具備看長線的價值觀，以及每每在混沌乃至克難的環境條件下能有創造力地找出前進方向與方法，或謂「修補術」（bricolage），是另外兩大要件。

具備韌性的組織，由具備韌性的成員所構成。企業韌性需要企業成員不閃避、不自欺地掌握現實，有賴於清晰的願景與看長線的價值信念，還需要方向確定下的創新能耐。這些條件，事實上決定於：

- 組織成員是否有本事對於環境現實，動態地保持客觀而清晰地理解，並能如實地提出有意義的因應之道。

圖13＿企業的韌性六力

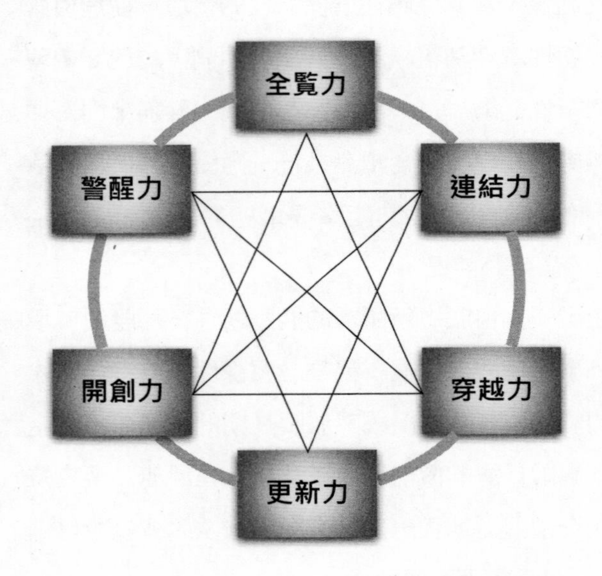

- 組織成員是否有共通的長期導向價值觀。
- 組織成員是否相對積極、主動、富創意，有本事在壓力情境中，憑藉有限的資源，即興而不受窠臼所限地應變。

這麼看待企業韌性的話，經營者便能意識到修練韌性六力（圖13）的必要。

全覽力

企業的「眼力」，涉及經營者在時間的橫剖面上能看得多廣、在縱切面上能看得多遠。

先談這橫剖面。實踐「不斷再合理化」這件事情，在數位時代，需要企業探索、涉足各種與他方連結的機會。這有賴企業對於環境變化具備足夠的敏感，對傳統上不屬於本業的範疇保持一定程度的關注。這時對於經營者來說，「邊緣視野」的修練因此非常重要。

具備邊緣視野的領導者，一方面持續關注日常經營的本業，同時試圖把過去並不存在，但對今日或明日成長發展具有連結意義的各種機會，納入時時監看的「雷達掃描範圍」內。譬如阿里巴巴，在其中國母市場中，過往與各種零售業者相互持股或結盟的作法；譬如西門子在「工業4.0」這個名詞出現以前，就開始併購軟體公司，結合它的硬體技術，如今成為工業4.0設備供應的領先者；又譬如VOLVO汽車，透過和Spotify這類數位應用商的聯合開發，修練自己在軟體方面的新能力等等。這些異業合作的案例，都需要經營者具備邊緣視野，才有辦法促成。

但是就像車子開得愈快時，駕駛因專注於前路而視角會隨速度限縮一樣，環境快速變化中，保持足夠寬廣的邊緣視野以免錯失機會、漏看威脅，對於經營者個人及企業的整體組織來說，都可說是種需要有所警醒之後，妥為布置與準備，而後納為行事常軌的修練。

接著，來看時間的縱切面。企業經營，看短線和走長線，會有非常不一樣的結果。以鴻海來說，創業之初，做的是黑白電視的塑膠旋鈕。經過幾年努力，積累了一筆資金之後，還很年輕的郭台銘面臨一項抉擇：要動用有限的資金，從日本買模具設備、建模具廠，以累積相關技術，還是跟隨多數經營者的軌跡，先買土地自建廠房，好求個安頓和安心。為了蹲實製造的馬步，超脫傳統黑手品質參差的工藝，他選擇了前者。不久，原先考慮要落腳的土地價格狂飆。如果從短期的角度來看，年輕頭家似乎做了錯誤決策。但把時間拉長（從後見之明來看），鴻海掌握了模具技術後，不多久再邁入電鍍和沖壓領域的投資和學習。1980年代台灣的個人電腦硬體製造開始蓬勃後，這些先前累積的本事便讓鴻海能夠由連接器而機殼，從這些電腦周邊開始，創造屬於自己的一片天。

看短和看長，會有非常不一樣的結論。企業經營，比較像馬拉松而不是百米短跑。路遙知馬力，一開始衝得快、短期內勢頭大的企業，通常不會是最後的贏家。這兒舉個簡單的例子。1991年到1992年間，隨著金融開放的腳步，財政部一共准許了16家新銀行創設。猜猜看，1993年，也就是各家新銀行初顯身手的那一年，新銀行中獲利最高的前兩名是哪兩家？年輕點的讀者，可能未必聽過這兩家銀行的名字：泛亞銀行與亞太銀行。[13]

企業韌性修練的全覽力，因此便決定於企業的邊緣視野廣度，以及衡量事象時慣常的時間尺度。

連結力

在變遷環境中，前述提及的邊緣視野能替企業有效連結各方，為共創價值所需的「連結力」奠定基礎。

企業的「邊界」何在，傳統上常以交易成本去詮釋。簡單地說，企業之所以存在，是在營利的前提下，透過組織內的「人」，讓大量的「事」發生。如果有件事，企業自己來做比找別人做在成本上來得有效率，那麼這件事便合適納入企業中。反之，如果有個活動請外人做比自己做要更省事，那麼該活動便不宜納入企業。當所有合適納入企業的事都納入了，所有應該委託他人完成的事都劃在外頭，那麼企業的合理邊界便浮現。

華人社會中，外於企業而委託他人完成的事，傳統上仰賴關係，包括人際關係乃至政商關係。而在數位時代，與諸多此類關係互補的，是透過數據讓原本資訊不對稱情境得以透明化的各式「非關係性連結」。這樣的連結，本質上靠的不是關係，重點也未必在建立長期有用的關係，而是透過較廣的視域，藉由與第一方或第三方數位平台的串接，經由數據而非傳統型態的關係，來經營以下兩種類型的可能連結。

第一類連結是，維持原有的企業邊界，而更有效率地連結到過往可能無法接觸的市場、技術、供應端、下游、合作異業，乃至同業。譬如輕工業成品工廠直接透過像亞馬遜、阿里巴巴這樣的平台連結新市場，或是通路商通過這類平台找到新的貨源、企業人資部門廣開雷達幕後連結各種數位學習以提升內訓的豐富度與效率，又或是為了B2B商機拓展而透過LinkedIn平台發展出各種有意義的「弱連結」。

至於第二類連結，則可能因為接軌新商業模式而改變原有企業的邊界。譬如在日本，豐田與軟銀合作、結合日本二線車廠合力面對「CASE化」的汽車產業，C是聯網化（connectivity），A是自動化（autonomous），S是共享化（sharing），E是電動化（electrification），合資開發新技術與新產品。又如和泰集團近期推出的iRent、Yoxi，都是透過數位化的新商業模式，連接不屬於企業過往定義要經營的顧客種類與需求。

企業在今後的價值網絡中合縱連橫，適應環境創造新局，傳統的關係或許在某些節點上會發揮助攻作用，但企業連結力的彰顯，如上所述，同時還關係到創造各種「非關係性連結」的能力。

穿越力

現實往往如同霧般圍繞著經營者，讓經營者煩心。煩心是必然的，但若不要因近視度數深而只煩心鼻尖豆點大、眼下瞬起瞬落的事，就需要前頭全覽力提及的，從較長的時間尺度看待事象的習慣。有這種習慣的經營者，基本上具備歷史觀、掌握事象本質，並且以終為始，而這便是我們接下來要討論的「穿越力」。

經營過程中，需要管理的項目時有變化；經營因此主要是種藝術，甚至可說是手藝的實踐，絕非分析科學能一手包辦。在快速變化的環境中，不迷信「精確策略規劃」，而是且走且看、隨時發現機會，透過學習而於不斷的摸索中形成策略，不執著拘泥於單一作法以處理各種狀況，是數位轉型、企業傳承的不變實踐之道。

達特茅斯學院教授席尼・芬克斯坦（Sydney Finkelstein）曾以整本書的篇幅，探討企業領導者的策略錯誤。[14] 透過大量的個案爬梳，他有了一項反直觀的發現：在他整本書所探討的大量策略性失敗案例中，沒有任何一個企業失敗是因為缺乏必要的資源。他指出，企業致命性的失誤經常來自領導者失去關鍵的現實感、企業內部溝通失效、領導特質讓組織無法自我更新等因素，而顯現於新事業創造、應對創新與變化、併購等關鍵節點的失敗。雖然如數位轉型、企業傳承這類的複雜情境，任何一個涉足其中的企業都不可能找到可一舉搞定的「套裝解」；但基於人性，許多企業領導者對於若干技術潮流，常有著偏執的迷信，而失去了現實感與對事象的本質做出正確判斷。對治之道，就是這裡所謂的穿越力。

穿越力以終為始，將大機率會發生的可預見未來圖像作為「階段性終局」，以健康屹立在該「階段性終局」當成目標，逐步回推、檢視發展過程中的關鍵要項，從而界定當下前行的方向與節奏。

先前曾提及，1980年代台灣企業間就經歷過一波自動化浪潮；現在的數位化挑戰，其實是同樣調性下的流行變奏。經營者如果具備歷史觀，知道「後之視今，猶如今之視昔」，比較能在當下現實重重包圍的迷霧中撥雲見日，而不去在乎那些和企業不斷再合理化主軸線其實無關的煙火，也比較不會去迷信有什麼可以幫助企業抄捷徑的仙丹妙藥。

一旦經營者界定「階段性終局」，那麼不斷再合理化一事的大方向，無論是企業傳承還是數位轉型，便自然形成，導引企業在「人」與「事」各環節，就著「階段性終局」的方向演進、調整、取捨。

更新力

企業的「更新力」，與經營者能否適應變化、持續更新自己的認知框架息息相關。

已故英國作家道格拉斯·亞當斯（Douglas Adams）曾提過，人性基本上是這樣的：「你會把自己出生時那個世界的情態狀況，當作是這個世界的亙古常態。而對你來說，任何在15歲到35歲間被發明創造出來的新東西，是新鮮的、革命性的——你甚或有機會在其中發展你的職涯。至於35歲以後才出現的新事物，你通常會覺得它們陌生、違反自然。」[15]

因著這樣的人性，在快速變化的環境中，經營者常常犯的毛病是把若干年前的「最適解」（無論它關係到產品、技術、市場還是製程），習慣性地當作今日的「最適解」。這一方面點出合理傳承的必要，另一方面也烘托出數位轉型的難處。

例如1994年時，在類比行動通訊裝置方面近乎居於壟斷位置的摩托羅拉（Motorola），擁有美國手機市場60%的市佔率。當時美國的大型電信營運商，看到新興的數位行動通訊潮流蓄勢待發，紛紛要求摩托羅拉投入數位機種的開發。但彼時的摩托羅拉認為，可預見的數位行動通訊品質，勢必遠不如它所稱霸的類比技術下各種成熟解決方案，因此不打算涉足數位行動電話的發展。當時的電信營運商只好轉向與愛立信（Ericsson）和諾基亞等歐洲廠商合作，發展並導入數位行動通訊裝置。

有趣的是，摩托羅拉授權給競爭對手的數位行動通訊相關專利權利金，其實在這個階段快速膨脹。但摩托羅拉的決策階層依著既有的認知框架相信，未來的通訊世界仍將是類比為主的世界，因此把資源投注在開發菸盒大小的Start-TAC類比式行動電話。這樣的組織共識，再加上企業裡工程師導向、大量分權的文化，讓帶著王者驕氣的摩托羅拉直到1997年才推出第一款數位電話。不久，消費端主流的行動通訊技術便由類比邁入數位模式，摩托羅拉因此喪失了先機，讓諾基亞在數位多功能手機的時代獨領風騷。

從這個商業史上不斷出現的「認知僵固」代表案例，我們看到，經營者的認知框架直接影響企業對於環境變遷的敏感度，以及經營上的實踐能力。知識結構和對於策略發展方向的認知，決定了對市場需求的敏感度，進而影響具體轉化需求為交易的成果。

開創力

經營必須同時兼顧當下與未來。一方面要讓企業取得「必須對利害關係人有所交代」的短期成就；另一方面確保企業在未來不確定的環境中，能有較大機率得以生存乃至壯大。針對後者，「不斷再合理化」經營的諸多面向之一便是支持「持續再創業」的「開創力」。

熊彼得在他的名著《經濟發展理論》中，[16]提到經理人和企業家的分野。經理人嫻熟（或至少應該嫻熟）業界長久下來累積大量經驗驗證、大家普遍熟悉接受的「過往最好方法」。但這最好的方法，未必是當下已出現的各種方法中的最佳選擇。去理解、嘗試、創造、採用「當今最好方法」，因此是企業家的事。

這麼定義的企業家，就像戰場上的指揮官在煙硝中面臨不完整的資訊，成功的指揮倚賴企業家的直覺（結合經驗洞見與片段資訊，而有相對準確預測事物）與掌握事象本質（辨真偽、斷輕重）的能力。藉由這樣的能力，配合某種程度的「精細」，讓企業家抓住稍縱即逝的機會，在創業精神導引下闖出一番新天地。

根據熊彼得的詮釋，人性導引著人們習於憑藉慣性行事，而這種循著習性依樣畫葫蘆的內驅力，恰恰阻擋著尤其是處於萌芽狀態的新局創造可能。此時，唯有「一種新的、意志上的努力，以便扭轉日常領域、範圍、時間內的工作和牽掛，去構思和制定新的組合。能有這種精神上的自由與構創，才能讓自己相信對各種要素所做的新組合，不僅僅是白日夢，而是有確實實現可能的。」話雖如此，熊彼得也同意，這樣的創業精神，是一種特殊的且在本質上稀有的東西。

本書討論主題中，與開創力關係最深的是企業的傳承。

同樣出自人性，相較於已經對企業「熟門熟路」乃至於「企業就是我，我就是企業」的資深經營者，年輕一代因為認知框架的不同，加上對企業內外情況較陌生，反而有更大的可能看出若干環節再合理化的必要，發掘過往沒被注意到的機會。很明顯地，如果交班與接班的經營者間能各擷所長以互補，讓資深經營者的經驗結合年輕世代的新鮮視角，長期來說，比較有可能讓企業在不斷再合理化的過程中孕育培養出開創力。

警醒力

前述的五力都能提高企業在多變競爭中能勝的機率，而能勝又以不敗為基礎；不敗的條件，就在於企業的「警醒力」。

曾說明何謂「黑天鵝效應」的暢銷書作者納西姆．塔雷伯（Nassim Nicholas Taleb），在他的另一本暢銷書《反脆弱：脆弱的反義詞不是堅強，是反脆弱》裡，[17]指出人性中偏好倚賴預測的傾向，是由於人們厭惡事實上到處可見的事象隨機性，而傾向儘可能減少變化。書中有個生動的例子，說明日常生活乃至商業決策中大量倚賴的預測，以及由之而生的信念，其實都是高度脆弱的。例子裡，一隻被餵養了1,000天的火雞，依照慣性，每天都「更有所本」地預測明天和今天一樣，因此與日俱增地強化「飼主寵愛我，會一直餵我」的信念。直到感恩節前幾天，火雞被屠殺前，這般信念所依據的統計信效度都會不斷提高。

根據塔雷伯的詮釋，這恰恰是「脆弱性」的表徵。如果有辦法在充滿未知變數、隨機而難以預測（即本書稍早我們所提過的「開放性系統」）的環境中，藉由參透事象本質、抓對大方向，並且建立起「反脆弱性」的機制，比較不容易因為一項沒能預測到的變化而招致全軍覆沒。

在破壞式創新的產品與模式屢見不爽，企業原有「護城河」不見得管用的今日。遵循既有模式，而沒有在「人」與「事」的配置上，考量企業應就著環境迅速調整，便是種上述意義的「脆弱」，冒著被突如其來的競爭對手攻城掠地、破壞殆盡的風險。好比日本戰國時期改變歷史的「桶狹間之戰」，當時的東海道大名今川義元帶領大軍一路向西，據說欲上洛爭奪天下。這樣的正規作戰部隊，沿著主要的道路，以大部隊作戰的布置前行。當時左近的其他武力，似乎無人能攖其鋒。今川義元沒有料到的是，實力一般認為與他有段差距的織田信長，會率領小規模部隊，在夾著冰雹的驟雨間，忽然出現在今川義元大軍的本陣前。這樣的「破壞式創新」、隨著戰場條件而選擇「最合理」而非「最普遍」的應變攻擊方式，讓今川義元丟了首級。很快地，這場意料之外的戰役就結束了，也改寫整個日本戰國的歷史。

企業靠著時刻警覺的警醒力以反脆弱。這警醒力與先前討論的全覽力、連結力、穿越力有共通的基底，格外需要企業透過合理的機制設計來加以落實。

企業經營上，如果配置合宜、運行得當，那麼在不同層次上發力、彼此關聯的內部稽核控制與公司治理制度，作為現代企業的「主動安全配備」要項，其實是非常關鍵的警醒力運行機制。可惜的是，在不少經營者的認知裡，內部稽核控制與公司治理經常只被當作因法規要求而需要去敷衍的項目。在不斷再合理化的經營上，如果能讓這類重要「主安配備」隨時跟著進化，而且調校得宜的話，其實能有效地強化企業韌性，降低企業遇上意外事故的機率，以及意外發生後傷損的程度。

注釋

第一章

1 這是以各上市公司在台灣證券交易所登錄的企業成立日期（而非公開上市日期）為準。依照此標準，部分企業自其前身起算的實際存續年數會被少計，例如華南金控，正式成立於 2001 年年底，但若回溯至作為其源頭的日治時期「株式會社華南銀行」，則該企業前身成立於 1919 年。

2 計算至 2020 年年底。

3 其他目前家數較多的連鎖便利商店，如全家、萊爾富、OK 等等，都是在 1980 年代末期才創設。

4 某些說法在分類上，把顧客視為企業個體環境的組成要素之一，但我們認為，企業的長期經營應該對焦在顧客的經營上；而其他如競爭者、合作者、供應商、通路等等的個體因素，則是顧客經營的影響因素。因此，我們把顧客從個體環境中獨立出來，並以如圖 3 的層次排列來加以詮釋。

5 以美國蓋璞（GAP）為例，2019 年時，它的線上營收佔比約 25%。但到了疫情期間的 2020 年，此一比例馬上便提升到 45%。對一個龐大的零售集團而言，如果沒有事先的各項布建，很難平順地因應線上驟增的交易需求。

6 這方面進一步的討論，請詳本書第六章。

第二章

1 譬如若干數位轉型的研究者或顧問業者，會特別嚴謹地區辨「digital transformation」、「digitalization」、「digitization」等詞彙在適用範疇上的差別。

2 根據所給條件，可以計算出「顧客終身價值」，也就是顧客長期貢獻的折現值。如果不考慮折現因子的話，這樁投資的預期累積總獲利，也就是顧客終身價值，是 6,600 元。

3 詳見 Buell, R.W. (2019), "Operational Transparency", *Harvard Business Review*, 97(2), 102-113.3.

4 詳見西麥斯（Cemex）2020 年年報。

5 詳見 “Conversation with Mathieu Lacombe, Head of Digital and Media France at Danone”, available at https://www.iprospect.com/en/global/news-and-insights/news/conversation-with-mathieu-lacombe-head-of-digital-and-media-france-at-danone/ 以及 “Preparing for Digital Transformation and the Future of Consumer Marketing with Danone’s

Head of Digital, Michel Brok", available at https://workatdanone.com/digital-transformation-and-the-future-of-consumer-marketing.

6 詳見雀巢（Nestlé）2020 年年報。

7 Moore, J. F. (1993), Predators and Prey: A New Ecology of Competition, *Harvard business review*, 71(3), 75-86.

8 在 Moore 發表於 1993 年的原始討論中，便把如 IBM、蘋果、沃爾瑪、默克藥廠等企業，視為其各自所在商業生態圈中的關鍵領導物種。

第三章

1 Gelernter, D. (1993), *Mirror Worlds: Or the Day Software Puts the Universe in a Shoebox... How It Will Happen and What It Will Mean,* Oxford University Press.

2 詳見 Grieves, M., "Virtually Intelligent Product Systems: Digital and Physical Twins", in *Complex Systems Engineering*: *Theory and Practice*, S. Flumerfelt, et al., Editors. 2019, American Institute of Aeronautics and Astronautics,175-200.

3 概念上，數位孿生有若干個關鍵的面向。數位孿生原型（digital twin prototype，簡稱 DTP）涵蓋了要生產實體產品所需的數位端設計、分析、布置等環節。數位孿生事件（digital twin instance，簡稱 DTI）是實體產品由無到有的過程中，每個動作所被數位端記錄而成的事件。數位孿生聚合（digital twin aggregate，簡稱 DTA），則將各數位孿生事件中所採得的數據彙整，成為數位資產（digital asset）。這些由實時的生產、供應數據所整合而成的數位資產，可用來驅動製造、訓練模型、進行模擬與診斷。

4 前述的 TPS 中，最強調的便是「物」與「情報」。

5 詳見下一章對於數據的討論。

第四章

1 最早提出此一說法的是豐田研究中心（TOYOTA Research Institute）的執行長吉拉．普瑞特（Gilla Pratt）。

2 以現在談的「工業 4.0」來說，台灣在 1980 年代初所談的生產自動化，即是先進經濟體於 1960、1970 年代即開啟的「工業 3.0」階段。

3 幾十年下來，教科書一類的操典，把這以品牌經營市場的主軸線稱為 STP（segmentation 為「界定市場區隔」，targeting 為「選擇目標市場」，positioning 為「市場定位」）。

4 在日常語言裡，我們說的「精準」指的是一件事大機率地被預言或實現。譬如氣象預報，如果對於「颱風 24 小時內會不會登陸台灣」這件事的預報，十次裡有兩、三次失誤，多數人大概便不會覺得氣象單位的預報「精準」。再譬如棒球投手的控球，一般好球率至少要有六成，才會被定義是個控球相對精準的投手。

5 在現實世界中，任何業者能掌握的數據（譬如這兒所舉例的標籤），必然遠遠少於這個想像的狀況。譬如個別顧客在其所有衣物的各別「穿著頻率」、「穿著場合」、「喜好程度」等方面，大多數的情境下無法得知。品牌經營者能掌握顧客所購的每樣衣物「價格」、「款式」、「色調」、「購買源」，但基本上無從得悉同一顧客在其他品牌上的消費狀況。

6 詳見 KPMG (2021), Thriving in an AI World, https://advisory.kpmg.us/content/dam/advisory/en/pdfs/2021/thrivingai2021.pdf

第五章

1 清王秉元纂輯，《生意世事初階》。

2 詳見萊雅 2020 年年報。

3 〈獨具法式風格的美妝巨擘：萊雅〉，《家族治理評論》，2020 年第 16 期，第 15 頁。

4 Schumpeter, J. A. (2013), *Capitalism, Socialism and Democracy*. Routledge.

5 百達翡麗（Patek Philippe）的廣告詞：「You never actually own a Patek Philippe. You merely look after it for the next generation.」

6 威廉・柯漢，《杜拉克教我的 17 堂課》，2009 年，遠流出版。

7 有趣的是，在我們初級與次級資料蒐集的過程中，也發現與此相反的情境。譬如某些中大型企業的接班世代，學歷背景並非與企業本業有關的科系，接班之初，員工並未對其有太大的期待，但因認真投入學習經營，取得的成績讓員工心服，這使得原先「不懂」、「沒經驗」的劣勢，反倒成了接棒前後的優勢。

8 伊莉莎白 21 歲生日時的廣播演講中提及：「I declare before you all that my whole life whether it be long or short shall be devoted to your service and the service of our great imperial family to which we all belong.」

9 明仁的長子德仁僅有一女愛子，但次子文仁則生有二女一子（悠仁）。德仁繼位後，究竟應修改《皇室典範》，立愛子為未來皇位繼承人，還是延續傳統以悠仁為皇位繼承人，始終有各種爭議。外界認為明仁想要在退位後、猶有餘力之際，協調處理這牽涉到皇室傳承穩定性的重要議題。

10 范博宏，《交托之重：范博宏論家族企業傳承》(1)，2014 年，人民東方出版傳媒。至於台灣的家族企業子樣本，在該研究中股價則平均下跌 45%。

11 Duran, P., Kammerlander, N., Van Essen, M., and Zellweger, T. (2016). Doing More with Less: Innovation Input and Output in Family Firms, *Academy of Management Journal, 59*(4), 1224-1264.

12 Kammerlander, N., Dessi, C., Bird, M., Floris, M., and Murru, A. (2015). The Impact of Shared Stories on Family Firm Innovation: A Multicase

Study. *Family Business Review, 28*(4), 332-354.

13 Johansson, F. (2004), *The Medici Effect,* Penerbit Serambi.

14 詳見《天下》雜誌第 654 期，〈黑手的女兒怎麼學接班？台灣最大「企二代」共學團誕生〉。

15 參考 Sundararajan, A., (2017), *The Sharing Economy: The End of Employment and the Rise of Crowd-based Capitalism,* MIT Press.

第六章

1 這些企業的成立時間分別為三菱電機 1921 年；Nikon1917 年；BMW1916 年；3M1902 年；米其林 1889 年；康寧 1851 年；西門子 1847 年；吉百利 1824 年；杜邦 1802 年；巴克萊 1690 年。

2 如茶葉（峰圃茶莊、有記名茶）、小吃（再發號肉粽、金春發牛肉）、食品（郭元益、李鵠餅店、丸莊醬油）。

3 詳見立石泰則《死於技術：索尼衰亡啟示》，2014 年，中信出版社翻譯出版。

4 《2020 台灣家族企業傳承白皮書》，資誠會計師事務所。

5 《2018 全球暨台灣家族企業調查報告》，資誠會計師事務所。

6 參考自蔡鴻青，〈專業共治，寧靜轉型：資生堂 SHISEIDO〉，2021 年，《董事會評論》，26，P6-18。

7 原文請詳《雜阿含經》第 470 經。

8 Drucker, P. F. (2006), *The Practice of Management*, Harper Business. 中文新版《彼得杜拉克的管理聖經》，2020 年，遠流出版。

9 Drucker, P. F. (2018), *The Effective Executive,* Routledge. 中文新版《杜拉克談高效能的 5 個習慣》，2019 年，遠流出版。

10 Drucker, P. F. (1997), *Managing in a Time of Great Change*, Routledge. 中文新版《巨變時代的管理》，2018 年，機械工業出版社出版。

11 參考自 Ollila, J., Saukkomaa, H. (2016), *Against All Odds: Leading Nokia from Near Catastrophe to Global Success*. Maven House, Siilasmaa, R. (2018), *Transforming NOKIA: The Power of Paranoid Optimism to Lead Through Colossal Change*. McGraw Hill Professional.

12 參考自 O'Boyle, T. F. (2011), *At Any Cost: Jack Welch, General Electric, and the Pursuit of Profit*. Vintage, Gryta, T., Mann, T. (2020), *Lights Out: Pride, Delusion, and the Fall of General Electric,* Houghton Mifflin.

13 泛亞銀行由台中長億集團創設，在 1990 年代後期的本土金融風暴中，曾有一年虧損 64 億元的紀錄。歷經易主、更名，乃至金管會接管，其後在賠付條件下由新加坡星展集團接管，發展為台灣星展銀行。亞太銀行，同樣創辦於台中，以大台中地區為主要市場，經歷轉換為復華銀行的階段，2006 年成為元大銀行。

14 Finkelstein, S. (2004), *Why Smart Executives Fail: And What You Can Learn from Their Mistakes,* Penguin.

15 原文是：「Anything that is in the world when you're born is normal and ordinary and is just a natural part of the way the world works. Anything that's invented between when you're fifteen and thirty-five is new and exciting and revolutionary and you can probably get a career in it. Anything invented after you're thirty-five is against the natural order of things.」詳見 Adams, D. (2002), *The Salmon of Doubt: Hitchhiking the Universe One Last Time,* Vol. 3, Harmony.

16 Schumpeter, J., Backhaus, U. (2003), *The Theory of Economic Development*, Springer. 繁體中文版《經濟發展理論》於 2001 年由貓頭鷹出版。

17 Taleb, N. N. (2012), *Antifragile: Things that Gain from Disorder*, Random House Incorporated. 繁體中文版《反脆弱：脆弱的反義詞不是堅強，是反脆弱》於 2013 年由大塊文化出版。

國家圖書館出版品預行編目（CIP）資料

打造韌性：數位轉型與企業傳承的不斷再合理化路徑／黃俊堯，黃呈豐，楊曙榮著．-- 第一版．-- 臺北市：天下雜誌股份有限公司，2021.09
272 面；14.8×21 公分．--（天下財經；444）

ISBN 978-986-398-716-1（平裝）

1. 企業經營　2. 企業管理　3. 數位科技

494.1　　110014719

天下財經444

打造韌性

數位轉型與企業傳承的不斷再合理化路徑

作　　者／黃俊堯、黃呈豐、楊曜榮
封面設計／Javick
責任編輯／王慧雲（特約）、何靜芬
內頁排版／邱介惠

天下雜誌群創辦人／殷允芃
天下雜誌董事長／吳迎春
出版部總編輯／吳韻儀
出 版 者／天下雜誌股份有限公司
地　　址／台北市 104 南京東路二段 139 號 11 樓
讀者服務／（02）2662-0332　傳真／(02）2662-6048
天下雜誌GROUP網址／www.cw.com.tw
劃撥帳號／01895001天下雜誌股份有限公司
法律顧問／台英國際商務法律事務所・羅明通律師
製版印刷／中原造像股份有限公司
總經銷／大和圖書有限公司　電話／（02）8990-2588
出版日期／2021年9月29日 第一版第一次印行
定　　價／400 元

ALL RIGHTS RESERVED

書 號：BCCF0444P
ISBN：978-986-398-716-1（平裝）

直營門市書香花園 地址／台北市建國北路二段6巷11號 電話／（02）2506-1635
天下網路書店　shop.cwbook.com.tw
天下雜誌我讀網　books.cw.com.tw/
天下讀者俱樂部 Facebook　www.facebook.com/cwbookclub

本書如有缺頁、破損、裝訂錯誤，請寄回本公司調換

天下雜誌
觀 念 領 先